目次

Ⅱ　戦後史から考える　117

本土の人間は知らないが、
沖縄の人はみんな知っていること

文庫版はじめに

もし、あなたが今度沖縄本島を旅することがあったら、ぜひこの本をポケットにいれて、表通りから怖がらず角を曲がって脇道に入ってみてほしい。そしてフェンスの前に立ち、中をじっと眺めてみてほしい。そこに広がるのは「沖縄の米軍基地」という巨大な異世界だ。

とくに有名ないくつかの基地（普天間、嘉手納、辺野古など）をのぞけば、多くの場合、基地の中は静かで、人影もほとんど見えない。だから、それほど面白くないかもしれない。けれどもそこからスタートして、もうひとつ、さらにもうひとつと、この本に地図を載せた米軍基地をいくつかめぐってみてほしい。

あなたはしだいにその巨大さと存在感、島全体を結ぶ基地ネットワークの緻密さを知り、心の一番深いところに、簡単に解消できないモヤモヤした重みを感じるようになるだろう。そして長い目で見れば、新しく生まれたそのモヤモヤ感は、程度の差こそあれ、あなたの人生を少し変えることになるはずだ。

もちろん、かなり面白い方向に。

いまから10年前、ぼくと写真家の須田慎太郎さんに起こったのが、まさにそういう出来事でした。

☆　☆

2010年6月に起きた鳩山内閣の崩壊。その突然の出来事にショックを受けたぼくと須田さんは、内閣崩壊の原因となった「沖縄の米軍基地」（当時は本島内に28基地。現在は26基地）を、すべて「完全撮影」して、本にするという企画を立てたのです。

それが本書のもとになった『本土の人間は知らないが、沖縄の人はみんな知っていること——沖縄・米軍基地観光ガイド』（書籍情報社、2011年）という本です。

正直それまで、ぼくも須田さんも「沖縄の米軍基地」について、まったく何も知りませんでした。だから、ただ沖縄県のホームページから米軍基地の資料を大量にダウンロードして、それを片手に基地めぐりを始めたのです。

ところが沖縄で撮影を開始した初日から、ぼくら2人は不思議な体験をすることになります。出会う人、出会う人が、なぜだかみんな、ぼくらを助けてくれるのです。

特別な人ではありません。基地へ行く道をたずねた道路工事のおじさん、雑貨屋のおばあ、散歩中のおじい、買い物中の親子、そしてもちろん基地の前でテントを張ってる反対運動の人たち。それら基地の近くで出会った人たち全員が、撮影のためのベストスポットを教えてくれたり、そこへ行く地図を描いてくれたり、追加撮影したほうがいいスポットを教えてくれたりしたのです。

最初はなぜ自分たちがこれほど親切にされ、絶好の撮影スポットに次々たどりつくことができるのか不思議だったのですが、そのうちに気づきました。米軍基地の撮影＝監視というのは、基地の近くに住む沖縄の人たちの、いわば暗黙の共同作業であり、ひとつの戦いの形なのだと。

長年、米軍基地という大きな危険と隣り合わせで生きてきた彼らは、家族や地域を守るため、つねに基地が見わたせるスポットを見つけては、そこを拠点にみんなで基地を監視してきた。そうした監視スポットをぼくらにも教えてくれたというわけです。

ぼくと須田さんはその見えない共同作業によって、基地撮影のためのベストスポットからベストスポットへと次々に導かれていきました。その結果、沖縄本島に渡ってからわずか2週間で、当初何カ月かかるかわからないと思っていた、隠し撮りでの「沖縄の米軍基地・完全撮影」をほぼ達成することができたのです。2人とも沖縄に親しい友人はひとりもなく、米軍基地についての知識もまったくなかったにも関わらず。

そのあと4カ月かけてこの最初の著書を書いたぼくは、それから7年間でさらに6冊の本を書き、8冊の双書（「「戦後再発見」双書」）を企画・刊行して、気づいたらノンフィクション作家になっていました。

もしほんの少しの幸運に恵まれたら、あなたもまた、この本を片手に沖縄の米軍基地を訪れたとき、ぼくらと同じく、そこで出会った人たちから多くの驚くべき事実を学ぶことになるでしょう。

本書に書いたとおり沖縄の米軍基地というのは、「戦後日本」の根幹に存在する不可解な謎を解く鍵であると同時に、世界史レベルの巨大な謎を解く鍵でもあるからです。その舞台裏をのぞきこみ、そこで展開されている「隠された歴史の真実」を目撃したあなたは、それまで自分が知っていた世界とは、まったく違った形の世界が存在することを知る。そして自分が生きるうえで必要な、新たな「世界の座標軸」を手に入れたのち、昨日とは違った明日に向けて、新しい一歩を踏み出すことになるのです。

☆　☆

本書の文庫化にあたり、素晴らしい解説を書いていただいた尊敬する友人であり、「大きな謎を解く旅」の同行者である白井聡さんに、心から御礼を申し上げます。

アリューシャン列島
⬆アラスカ
カナダ
アメリカ合衆国
ハワイ

世界の中の沖縄

米軍は昔から沖縄を「Keystone of the Pacific（太平洋の要石(かなめいし)）」とよんでいる。たしかにこの島の地政学上の位置を見ると、まるで囲碁の名人が置いた碁石のように、中国大陸から太平洋への出口をふさいでいることがわかる。だが冷戦期において、地政学的に重要だったのはなにも沖縄だけではない。日本列島全体が、フィリピンと共に共産主義勢力からの防衛ライン（「米軍の潜在的基地(ポテンシャル・ベース)」）と考えられていたのである。

ではなぜ、そのなかで沖縄だけが「防衛ラインの中心」とか「要石」などと重視されてきたのか？　それは本文中にもあるように（32頁）、「地理的な宿命」のためなどではなく、米軍がこの島を日本から切り離して占領し、自由に使うことができたからだった。

第２次世界大戦の末期、米軍はまず沖縄に上陸し、基地をつくって日本の本土への攻撃の拠点とした。日本の降伏後も、米軍は日本側指導者の要請もあってこの島の占領を継続し、最盛期には1300発以上の核兵器を配備して島全体を軍事基地化した。

その結果、西側陣営は東アジアでソ連・中国という巨大な共産主義国家を封じ込めることに成功し、本土の日本人は自己矛盾に苦しむことなく、戦後の「平和憲法」や「絶対平和主義」「非核三原則」を謳歌することができたのである。しかし冷戦終結から30年たったいま、「沖縄の米軍基地」が抱える世界史レベルの問題点が、しだいに人びとの目にあきらかになりつつある。

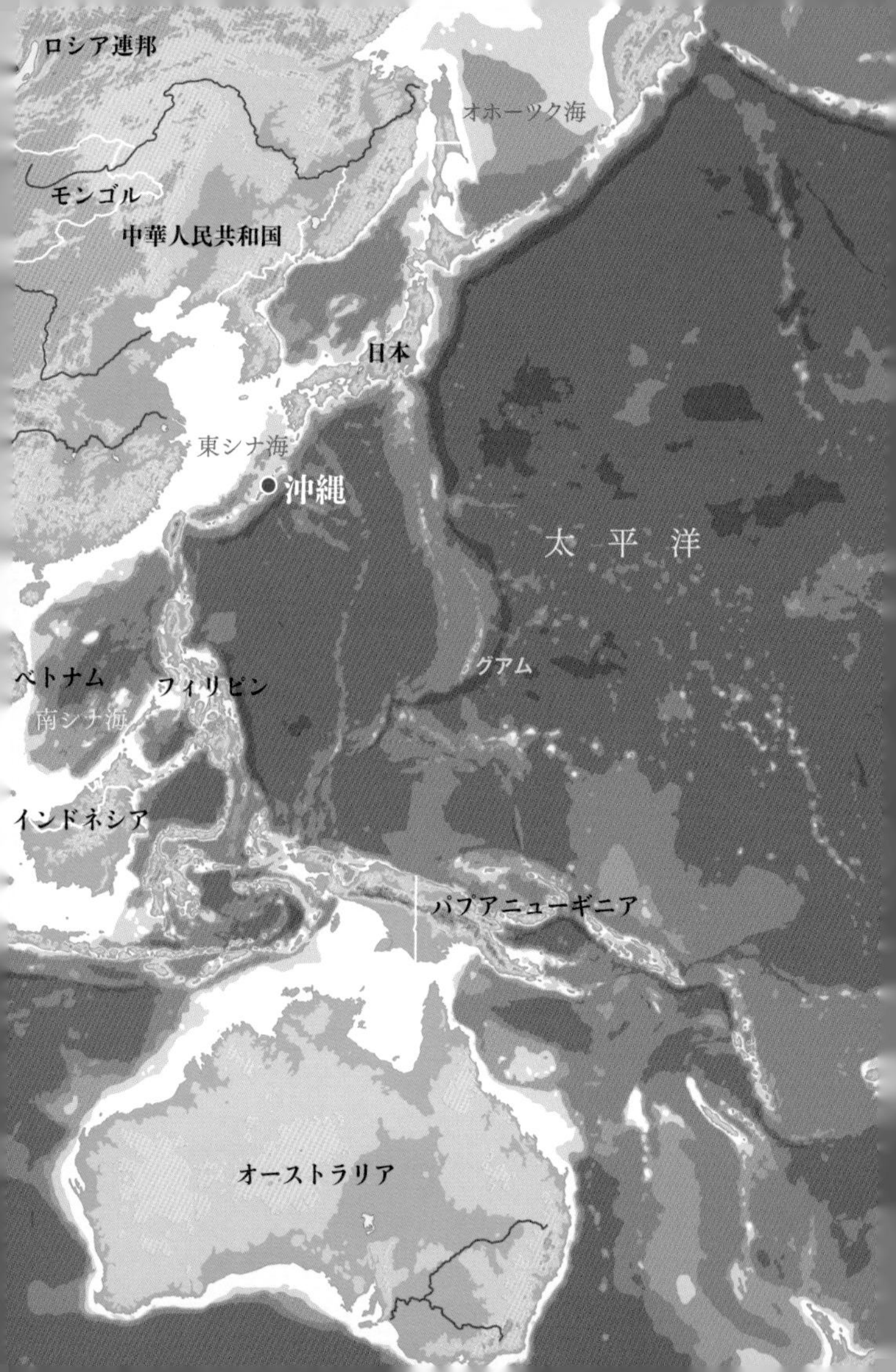
ロシア連邦
オホーツク海
モンゴル
中華人民共和国
日本
東シナ海
沖縄
太平洋
グアム
ベトナム
フィリピン
南シナ海
インドネシア
パプアニューギニア
オーストラリア

伊是名島
屋那覇島
伊江島
伊江島空港
古宇利島
屋我地島
瀬底島
八重岳
名護市
残波岬
うるま市
金武湾
伊計島
宮城島
平安座島
浜比嘉島
浮原島
津堅島
沖縄市
宜野湾市
浦添市
那覇市
中城湾
那覇空港
豊見城市
南城市
糸満市
久高島
●海兵隊基地
●空軍基地
●海軍基地
●陸軍基地
1 那覇軍港
2 キャンプ・キンザー
3 普天間基地
4 キャンプ・フォスター
5 キャンプ・レスター
6 嘉手納基地
7 陸軍貯油基地
8 嘉手納弾薬庫
9 キャンプ・シールズ
10 トリイ通信基地
11 泡瀬通信基地
12 ホワイト・ビーチ軍港
13 キャンプ・マクトリアス
14 キャンプ・コートニー
15 天願桟橋
16 キャンプ・ハンセン
17 金武レッド・ビーチ演習場
18 金武ブルー・ビーチ演習場
19 キャンプ・シュワブ
20 辺野古弾薬庫
21 北部演習場
22 奥間レスト・センター
23 八重岳通信基地
24 津堅島演習場
25 浮原島演習場
26 伊江島演習場

沖縄本島の米軍基地

沖縄本島は長さ100㎞、幅4～28㎞。面積1208㎢の土地に約130万人が住む小さな島だ。ところがこの島のなかにある米軍基地の面積は、なんと島全体の15％を占めており、その多くが住宅地に接した一等地にある。日本全体から見ても、沖縄県の占める面積はわずか0.6％なのに、在日米軍基地（専用施設）の70.6％がこの県にあるのだから、だれがどんな理屈をいおうと、まったく異常でアンフェアな状態にあることはあきらかだ。

沖縄の人たちは決して反米思想の持ち主ではない。ただ彼らが訴えているのは、「日米安保条約が日本の防衛に必要なら、日本全体でその負担を分けあってほしい。東アジアの安定に必要なら、東アジア全体で負担を分けあってほしい」というごくまっとうな要求なのだ。このシンプルな論理に反論できる人間は、地球上どこにも存在しないだろう。

〔右頁の地図を見ると、「沖縄の米軍基地問題」とは、つまり海兵隊基地（赤色）と空軍の嘉手納基地（青色）の問題であることがわかる〕

❶ 那覇空港から普天間基地 周辺地図

❷ 嘉手納基地 周辺地図

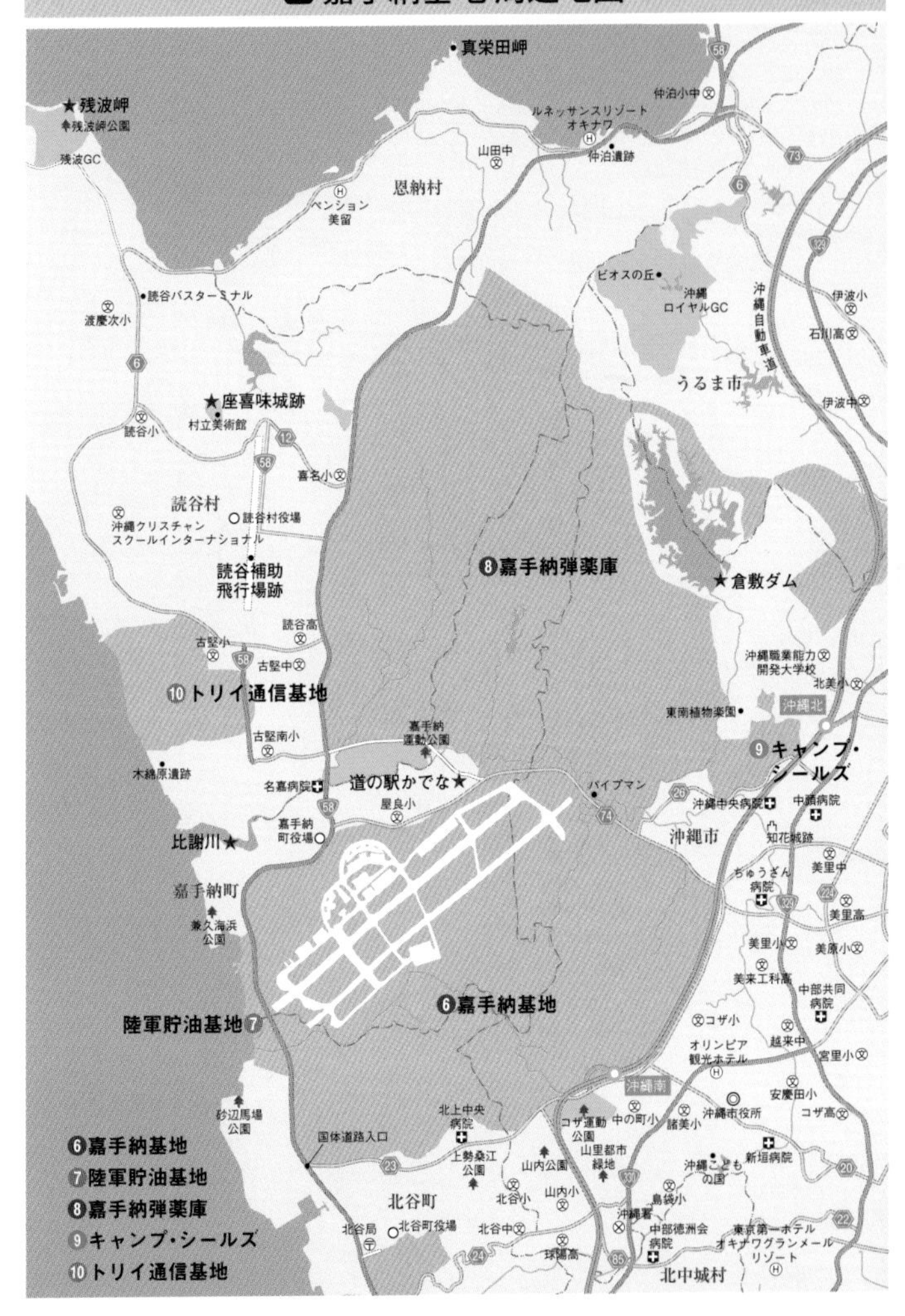

真栄田岬
★残波岬
残波岬公園
残波GC
仲泊小中
ルネッサンスリゾート
オキナワ
山田中
仲泊遺跡
恩納村
ペンション
美留
ビオスの丘
沖縄
ロイヤルGC
沖縄自動車道
伊波小
石川高
読谷バスターミナル
渡慶次小
うるま市
伊波中
★座喜味城跡
村立美術館
読谷小
喜名小
読谷村
読谷村役場
沖縄クリスチャン
スクールインターナショナル
❽嘉手納弾薬庫
★倉敷ダム
読谷補助
飛行場跡
読谷高
古堅小
古堅中
沖縄職業能力
開発大学校
北美小
❿トリイ通信基地
東南植物楽園
沖縄北
嘉手納
運動公園
古堅南小
❾キャンプ・
シールズ
木綿原遺跡
名嘉病院
道の駅かでな★
パイプマン
沖縄中央病院
中頭病院
屋良小
嘉手納
町役場
沖縄市
知花城跡
比謝川★
美里中
ちゅうざん
病院
嘉手納町
美里高
兼久海浜
公園
美里小
美原小
美来工科高
中部共同
病院
❻嘉手納基地
陸軍貯油基地❼
コザ小
オリンピア
観光ホテル
越来中
宮里小
沖縄南
安慶田小
砂辺馬場
公園
北上中央
病院
コザ運動
公園
中の町小
諸見小
沖縄市役所
コザ高
国体道路入口
❻嘉手納基地
❼陸軍貯油基地
❽嘉手納弾薬庫
❾キャンプ・シールズ
❿トリイ通信基地
上勢頭江
公園
山内公園
山里都市
緑地
沖縄こども
の国
新垣病院
北谷町
北谷小
山内小
島袋小
沖縄署
北谷局
北谷町役場
北谷中
中部徳洲会
病院
東京第一ホテル
オキナワグランメール
リゾート
球陽高
北中城村

❸ 与勝半島（勝連半島）と天願 周辺地図

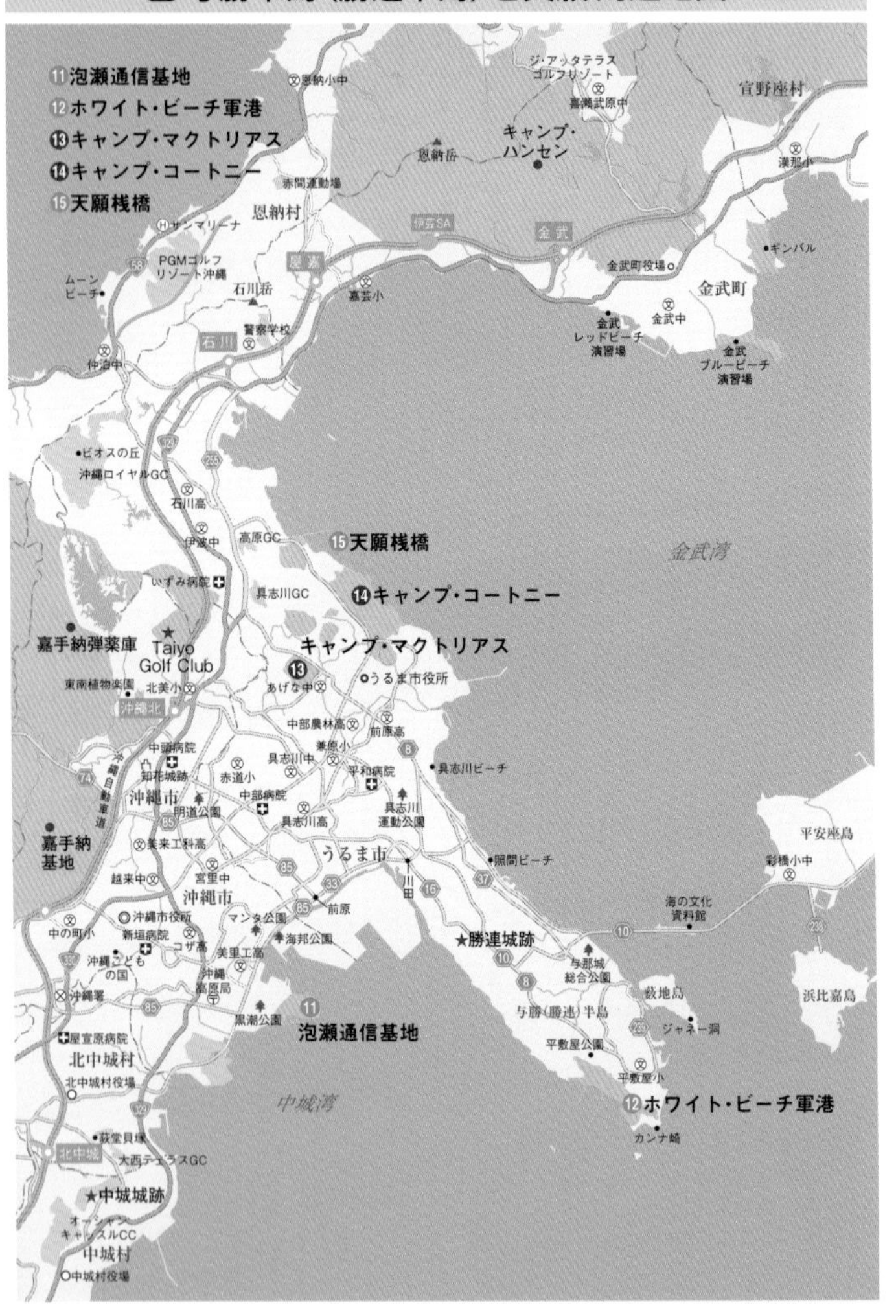

❹ キャンプ・ハンセン地区 周辺地図

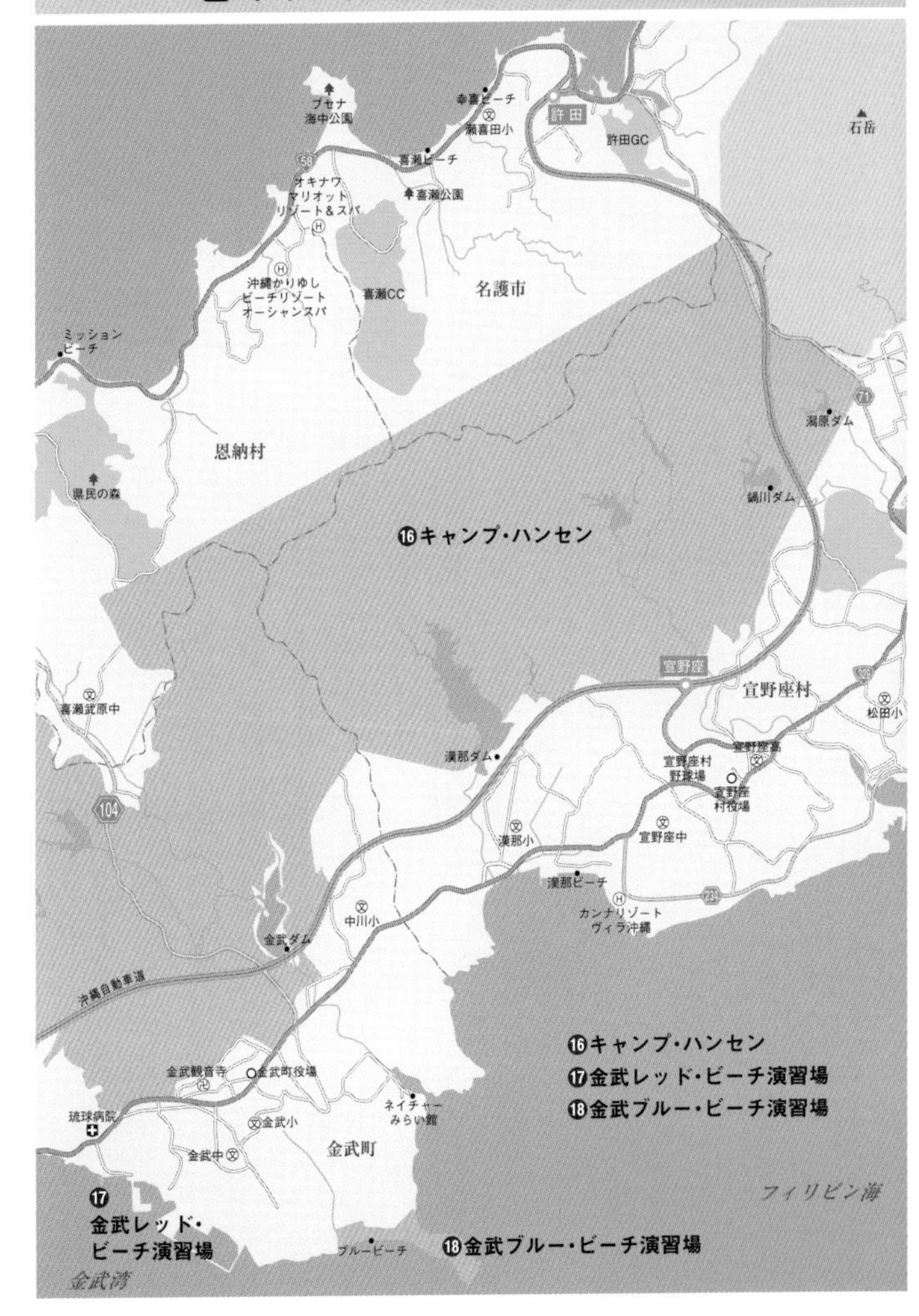

5 キャンプ・シュワブ地区 周辺地図

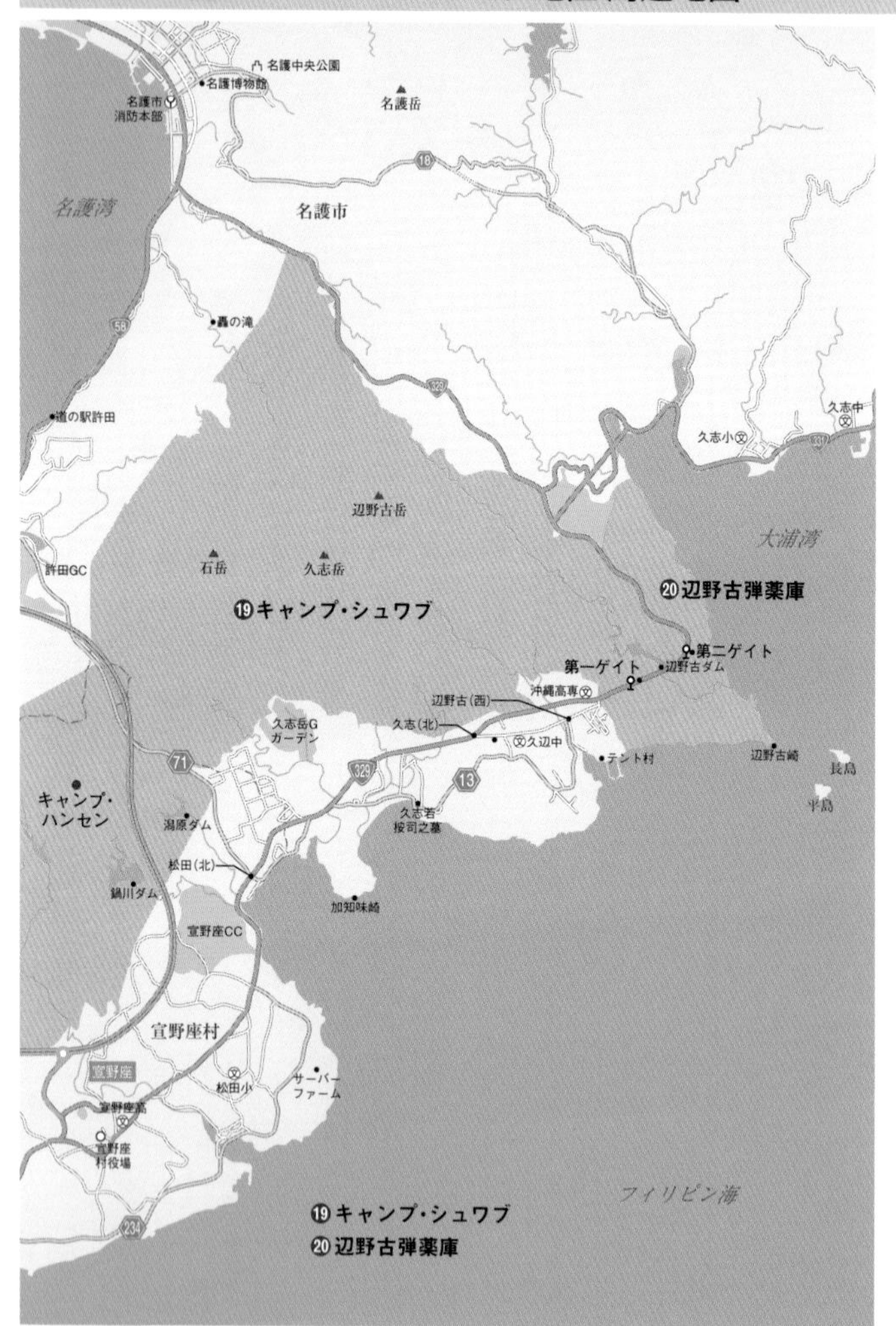

❻ 北部演習場地区 周辺地図

高江（北部演習場内）の米軍ヘリ基地・建設反対運動の人たちがつくっていた立て看板。

I　沖縄から考える

平敷屋(へしきや)公園からホワイト・ビーチ軍港をのぞむ。沖合に停泊する揚陸艦デンバーに、白い曲線を描くようにして水陸両用装甲車が吸いこまれていく。桟橋では横須賀基地所属のフィッツジェラルド（左）とジョン・S・マケインが出航の準備中。

1 ペリーはなぜ、最初に那覇にきたのか

沖縄で取材を始めた初日、那覇軍港を撮影しに行くと、近くに「ペリー上陸の地」があると教えてくれた人がいたので訪ねてみました。ペリーといえば、もちろん日本近代史のスーパースター。彼が浦賀にあらわれたことがきっかけで日本中が大騒ぎになり、「幕末」が始まる。そして15年後には明治維新となるわけですから、ハンパな有名人じゃありません。でもそのペリーについて、自分が何も知らなかったことがわかったんです。

那覇軍港から2キロほど北に外人墓地があって、そこに「ペルリ提督上陸之地」という石碑が建っています（31頁）。地元の人に聞くと、昔は観光名所でガイドブックにも載っていたのが、いまは人気がなくなったので、入り口の柵にもカギがかけられているとのこと。ただの墓地で、案内板のようなものは何もありませんが、石碑を見

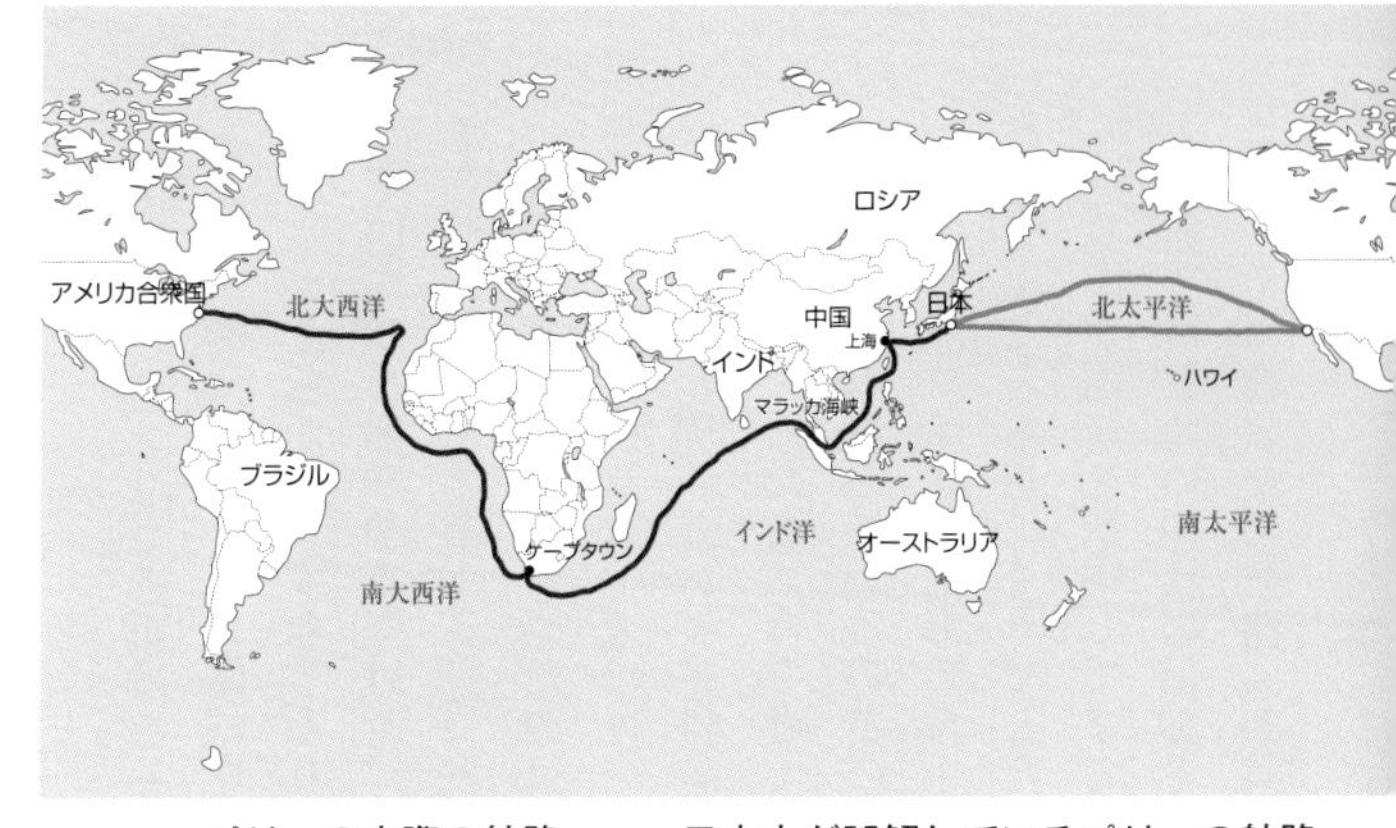

ペリーの実際の航路　日本人が誤解しているペリーの航路
最短航路（大圏航路）

るとペリーが那覇に上陸したのは１８５３年の6月6日（嘉永6年4月30日）。**浦賀にあらわれる（7月8日）1カ月前に、那覇にやってきていた**ことがわかりました。しかも宿に帰って調べてみると、**ペリーの艦隊がやってきたのは、東（太平洋）からじゃなく、西（インド洋）からだった**というのです！

　思いこみというのは本当におそろしいもので、ペリーというとすぐ頭に浮かぶのは「4隻の黒船」。東京湾（江戸湾）に浮かぶその煙突からは、もうもうと煙が立ちのぼっている。だからどうしてもペリーたちは、蒸気船で白い波を蹴立て、太平洋を一気にわたってきたようなイメージをもっていました。

　でも実際はそうじゃなかった。上図の赤線

のように、アメリカの東海岸からアフリカ大陸南端（ケープタウン）をまわって、インド洋を越え、マラッカ海峡を通って7カ月半かけてやってきたそうです。ずいぶんイメージとちがいますね。それと**黒船っていうのも、防腐剤として木材にタールをぬっていたから黒かっただけで、鉄製じゃなかった**というのです。これには本当に驚きました（しかも4隻中2隻は、ただの帆船だったそうです）。

もうひとつ知らなかったのは、ペリーがなんとか日本を開国させて確立しようとしていた太平洋航路も、太平洋の真ん中を通るルート（前図緑線）ではなく、アメリカ西海岸からアリューシャン列島の南を通り、日本列島の東岸を南下して、上海に到着するルートだったということです（前図青線）。

地球は球形をしているので、メルカトル図法で最短距離のように見える「カリフォルニア→ハワイ北→上海」ルートよりも、たしかにこのほうが近い。地球儀にヒモを当ててみたら本当にそうでした。

ペリーが幕府を恫喝してまで強く開国をせまったのは、従来の定説だった捕鯨船への補給や海難時の船員の保護ではなく（それは表向きの理由）、実際はこのカリフォルニア～上海間の最短航路（20日弱）の確立が当時のアメリカの国家的要請だったからだそうです。[1] それが実現すれば中国まで数カ月かかるイギリスに圧勝し、中国貿易をめぐる戦いに勝利することができるのです。

なるほど。なんか捕鯨のためにムチャクチャ強引なことするなあと思っていたんですが、それなら納得がいきます。最短航路は日本列島の東岸を南下していくわけですから、どうしても開国させる必要があったのでしょう。

東京に帰ってから、知り合いに聞いてみましたが、ペリーが西からやってきたことはだれひとり知りませんでした。あんまり不思議だったので、『竜馬がゆく』とか、いままで読んだことのある「幕末もの」の小説をひっくりかえしていたら、なんとあの司馬遼太郎さんでさえ、どうやら勘違いしていたことがわかりました。

「ともかくも、嘉永6年（1853）はじめてペリーの蒸気船を見た日本人が、わずか7年後にその蒸気船〔咸臨丸〕に乗って太平洋を横断したのである。この横断については、駐日総領事ハリスが、とても日本人の技術ではむりだ、といったが、幕閣はこれを強行した。「ペリーがやってきたようにして、われわれもその航海のやり方でむこうへゆく」という気分が幕閣にあったのである」[2]（〔　〕は引用者注）

どんな読み方をしても「ペリーは太平洋を横断してきた」としか読めませんよね。

日本人の幕末の知識というのは、その多くが司馬遼太郎さんの描く小説やエッセイの影響を受けていますから、ぼくらが勘違いしてても無理はありません。

では、そのペリーがなぜ、江戸に来る前に沖縄にきたのか。彼は非常にはやくから、沖縄に対して「異常なほどの関心」をもっていたといいます。その理由はライバル国のイギリスが１８４２年、アヘン戦争に勝利して香港を手に入れ、大西洋からインド洋経由で中国にいたる海上交通路（まさにペリーのきた航路です）を確立したことにありました。そのため**アメリカは、自分たちも沖縄に海軍基地を獲得すれば、中国へ向かう太平洋航路を確立して、イギリスの世界覇権に対抗しようと考えた**のです。[3]

その壮大な計画を実現するため、もしメインのターゲットである日本が開国を拒否した場合にそなえ、沖縄を占領する準備を進めていたというわけです。そのため、沖縄本島のかなり奥地まで調査隊を送って地図や海図を作成しています。さらに、前もって琉球国王と交渉することは、日本政府との交渉の予行演習となるだろうとも考えていました。

地政学上の関係というのは、残酷なまでに変わらないもののようです。それから98年後の１９５１年６月１日、沖縄を訪れたアメリカのジャーナリスト、ロバート・マ

泊外人墓地（ペリー上陸の地）

アメリカから開国を迫られた琉球王朝は、江戸幕府と同じく、その要求をのらりくらりとかわそうとした。だが、慎重に手順をふんだ日本への対応とはちがって、沖縄でのペリーの行動はすばやかった。那覇港沖に到着（1853年５月26日）してから11日後の６月６日には、海兵隊２個中隊と２門の大砲をひきいて200人ほどで上陸し、首里城をおとずれている。このとき沖縄の人びとは、すでにアメリカの海兵隊と出会っていたことになる。

さらにはその海兵隊の兵士ウィリアム・ボードが現地の女性に暴行を働き、怒った住民に殺されたり、「最初の米軍基地」といわれる石炭の貯蔵庫を建設したり、那覇港をアメリカ艦船の補給基地とするよう求めるなど、ペリーの航海記録を読んでいると、彼らの行動が現在の米軍とあまりに似ていることに驚かされる。

この泊港の墓地は、もともとペリー来港以前からあって「唐人墓」とよばれていた。昔から琉球列島の島々には、日本人だけでなく、中国人や朝鮮人の乗った船がよく漂着した。そうした人びとを故国に送還するまで収容する「難民センター」のようなものが、当時、泊村にあり、そこで死去した人びとを収用するために外人墓地がつくられたという。一番古い中国人の墓は、1718年に建てられたものだ。19世紀になると、中国や朝鮮に加えて欧米の船もやってくるようになった。ペリーの艦隊の乗組員（海兵隊員）の墓も、上記のウィリアム・ボードのものなど、５基がのこされている。

ーチンは、『読売新聞』につぎのような寄稿をしています。

「アメリカの戦略計画の作成者たちは沖縄のことを、日本またはフィリピンにある米軍基地の安全を脅（おびや）かすかもしれない政治的困難〔反米政権の樹立など〕に備えるための「保険」と考えている。（略）沖縄には共産主義者（略）はいない、また人口は少なく、その〔＝基地の〕維持は容易である」

　つまり人数も多く武力もある日本は、完全に征服するには骨が折れる。そこで人口も面積も100分の1以下の沖縄が、いつもその身代わりとしてターゲットにされてきたというわけです。ちなみにアメリカのビジネス・スクールなどで習う交渉術では、そうした存在を「BATNA（バトナ）（不調時対策案）」とよび、交渉の前に必ず準備しておくよう叩きこまれるそうです。これは“Best Alternative to Negotiated Agreement”の略で、「交渉が成立しない場合にそなえて考えておく最良の代替案」という意味です。**日米交渉史で見ると、このようにつねに沖縄が日本のBATNAである一方、その日本は中国のBATNAという関係が見えてきます。**[4]

　ともあれ、アメリカがすぐれているのは、きちんと綿密な計画を立て、それを国家戦略として文書化し、日本開国に失敗した場合の沖縄占領まで想定してやってきているところ。ペリー自身、当時入手可能だったありとあらゆる日本関連図書（400冊以上といわれています）を読破し、かつてシーボルトが国外へ持ちだした伊能忠敬の日本地図も手に入れていました。

そして何よりスゴイのは、**無数の武士がいて陸戦になったら手ごわい日本の弱点が、首都江戸の海上防衛にあることを綿密に分析したうえで、すべての計画を立てているところ**です。

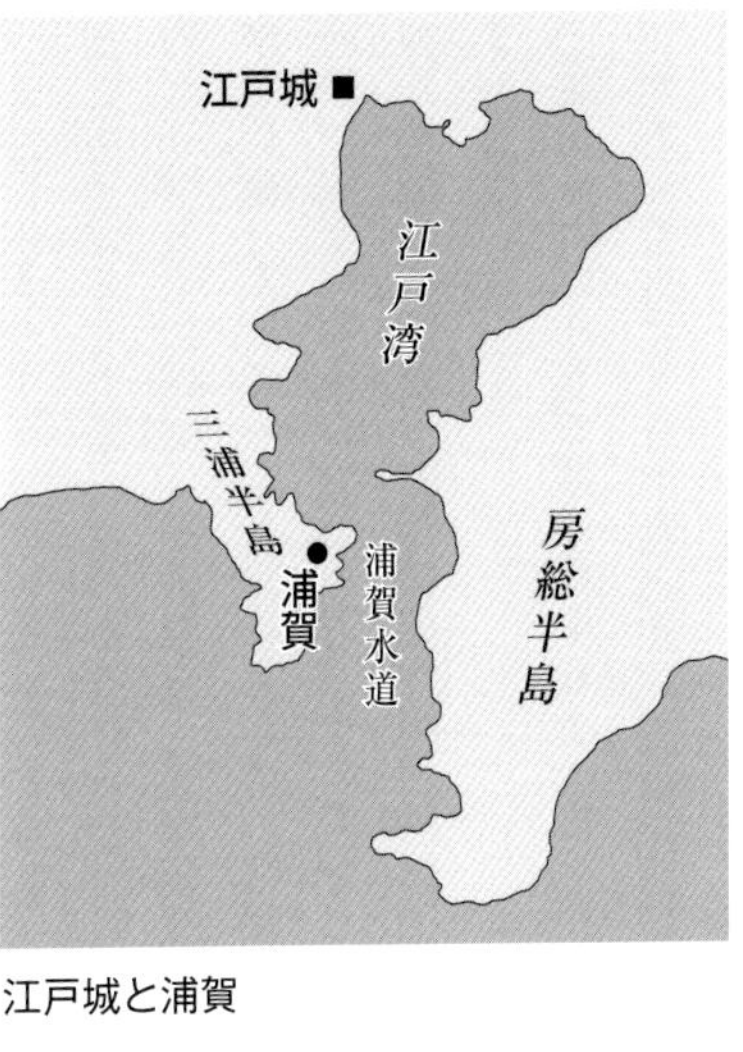

江戸城と浦賀

当時、鉄道も馬車もない日本は、物流のほとんどを小舟による沿岸海上輸送に頼っていました。そのためもし軍艦が1隻でもあれば、それを浦賀に泊めて江戸湾の入り口を封鎖し、首都機能をマヒさせられることを彼らはよくわかっていたのです（上図参照）。これがいわゆる戦略的思考というやつなのでしょう。

よく日本人がアメリカにはかなわないっていう場合に、体がデカいとか、強力な武器をもってる、だからかなわないんだって話をするんですが、本当に差があるのは頭の部分、とくに外交、対外戦争、異民族支配についての戦略的思考、これはまったくかないません。そもそも日本人には、異民族と戦ったり、支配したりされたりという経験がほとんどないので仕方がないのでしょうが。**ペリーが沖縄の奥地に行ってつくった地図や海図が、92年後の沖縄上陸戦で使われた**なんて話を聞くとアゼンとしてしまいます。

文化っていう点では、日本もイイ線いってるんですけどね、おしいですね。長い歴史があるだけに、食べ物とか、美術（絵画や彫刻）とか、建築や庭園、都市の衛生環境とか、ものづくりの技術とか、世界でもまちがいなくトップクラスにあると思うんですが……。

だから当然プライドも高くて、頭で負けたんじゃない、「物質文明」（銃や鉄や蒸気機関）に負けたんだ、ということにしたいんでしょう。ぼくらが勘違いしていた「黒船」というイメージの中に、それが集約されています。黒船は実際は鉄製でもなければ、太平洋を横断してきたわけでもありませんでした。昭和20（1945）年の終戦の詔書にあった「敵は新たに残虐なる爆弾を使用して」というのも同じです。**物質面で負けたんだ。こんなすばらしい文化がある国なんだから、頭で負けるはずはない。だから戦略面での反省はほとんどしない。これが日本人の最大の弱点のような気がします。**

数少ない日本の国家戦略家、元外務省・情報調査局長の岡崎久彦氏は、かつて戦後日本の外交上の大戦略は「とにかくアメリカが決めたことには協力する」ことだと言っていました。

これはある意味、深い言葉です（会社でも、結局出世するのはそういう人ですよね）。冷戦期の選択としてはベストだったかもしれません。でも、やっぱり「算数レベル」の戦略ですよね。バカのふりしてついて行ってるうちに、世代がかわって本当に何もわからなくなってしまうということもあります。冷戦が終わって30年たつんですから、もう少し複雑な、大学・大学院レベルの国家戦略を立てる人が出てきてほしいものです。

2

沖縄には、6人の帝王がいた

那覇空港から北東約6キロにある、米軍の大補給基地キャンプ・キンザー。その第5ゲート手前から右ヨコへ、FM沖縄をまわりこむようにしてのびる細い道がありま す。この道をどんどん進んでいくと、最後は58号線に出るのですが、途中から左手に赤茶色の屋根をした建物が見えてきます（左頁写真）。その左手に建つ大きな建物が、1972年の返還まで沖縄統治の中心だった米国・民政府（USCAR〔ユースカー〕）の元庁舎です。

アメリカの沖縄支配が、冷戦の始まりを受けて軍政から民政に移行したのは1950年。それから20年近くそのオフィスは那覇の琉球政府と同じビルにありましたが、琉球政府は1・2階、米国・民政府は3・4階にあったので、いかにも琉球がアメリカに隷属しているようだと評判が悪く、1968年にここに移転してきたといいます。

戦後、マッカーサーが日本で帝王のようにふるまったことはよく知られていますが、

右側の赤茶色の屋根の建物の左手奥に小さく見えているのが、米国・民政府の元庁舎。

沖縄にも何人もの小マッカーサーがいました。有名なのは「沖縄の帝王」とよばれた6人の「高等弁務官」[6]ですが、1957年以前は「民政副長官」（計5人いて、5代目の民政副長官だったジェームス・E・ムーア陸軍中将が初代高等弁務官になりました）とよばれた人たちが、やはりこの米国・民政府のトップとして、絶大な権力をふるっていたのです。

軍政から民政へ（1950年）、そして民政副長官から高等弁務官へ（1957年）、**政体や役職が変わっても、彼らの権限は強力かつ万能で、まさに植民地総督以外のなにものでもありませんでした。**そのことをよく表しているのが、本土ではすでに占領が終わっていた1953年から始まった民有地の強制収用

国道58号線沿いに、2キロにわたってフェンスが続く、米軍の大補給基地「キャンプ・キンザー」。11棟もある巨大倉庫（300m×60m）が、ベトナム戦争を始めとするさまざまな米軍の戦争を支えてきた。

海側には住宅、国道58号側には倉庫が建ちならぶ。ベトナム戦争当時は、こうした倉庫の屋上にもジープが２重３重に山積みされ、分解・修理されたあと、またベトナムへ送り返されていたという。

です。抵抗する市民に銃をつきつけ、ブルドーザーで家や畑をふみつぶして米軍基地の用地にしたのです。

このように、占領時代の日本人による「琉球政府」（1952〜72年）は、政府とは名ばかりで、実質は米軍の「総督たち」の下請け機関として、植民地のなかで一定の自治を認められた存在にすぎませんでした。

そうした「総督」やその部下が要所要所で残した有名な発言を、沖縄の人たちはいまでもよくおぼえています。ここでいくつか時代順に見てみましょう。

まず1946年4月の軍政時代の発言です。

「米国・軍政府はネコで、沖縄はネズミである。**ネコの許す範囲でしかネズミは遊べない**。（略）私はあまり荒っぽいネコではないが、なかにはそういう〔荒っぽい〕ネコもいるかもしれない」（ワトキンス海軍軍政府総務部長[7]）

続いて1954年5月、民政府時代前期の発言。琉球政府の主席（首相）を直接選挙（公選）で選ぶという決議を立法院（琉球政府議会）が採決したのに対し、

「主席公選は、〔米国〕民政府長官が決めるべき問題で、立法院はそれについてなにも権限をもっていない。琉球における**米国の使命に反しないかぎりにおいて、施政権**

を琉球政府にゆだねるのが米国の政策である」（ハル民政府長官）

最後に1968年、民政府時代後期の発言。基地の縮小や撤去を求める住民に対して、

「もしそういうこと〔基地の撤去や縮小〕になれば琉球の社会は、**イモと魚に依存したハダシの生活にもどることになる**」（アンガー高等弁務官）

　またこの時代の出来事で有名なのが、沖縄の戦後史ではかならず出てくる那覇市長・瀬長亀次郎氏への弾圧です。初代高等弁務官だったムーア陸軍中将が、1956年の市長選で当選した瀬長氏（反米共産主義者とみなされていました）を排除するため、自治法を変更して不信任成立の定数を下げ（3分の2以上の出席を2分の1以上に変更）、さらに選挙法も変更して「破廉恥罪」という恣意的な罪状を設定し、市長選への再出馬もできなくしてしまったのです。

　当時、沖縄に取材にきていたアメリカの月刊誌『ハーパーズ』のビッグズ記者は、このときひとりの沖縄人が言った言葉を記録しています。

「**アメリカは沖縄に選挙権をあたえはしたが、アメリカの気に入らない人間が当選すると、法を変えて彼をしりぞける。これがアメリカのいう〝すばらしい民主主義〟というものか**[8]」

沖縄の年配の人たち（60代後半以上）は、この時代のことをよくおぼえています。政治システムや統治者が変わってもそれは見かけだけで、実態はなにも変わらなかった。米軍の方針に反しない範囲でだけ民主主義が適用された。そうした占領期の出来事を、いまでもよくおぼえているのです。

ですから現在でも、沖縄のお年寄りの目には、アメリカ大統領がかつての高等弁務官に、日本の首相が琉球政府の主席にダブって見えるようです。つまり、

「アメリカ政府（ネコ）の許す範囲でしか、日本政府（ネズミ）は遊べない」

ただ沖縄の人たちが、本土の人間よりもはるかに日本政府を歯がゆく思うのは、前出の瀬長氏や、はじめての公選で琉球政府主席になった屋良朝苗（やらちょうびょう）氏（復帰後、最初の沖縄県知事にもなりました）など、圧倒的に不利な状況のなかでタフな交渉をした指導者たちの記憶が残っているからでしょう（屋良氏が当選した初の主席公選〔1968年〕では、日米の当局が対立候補である親米保守派の西銘（にしめ）順治氏を当選させるためさまざまな裏工作を行なったことがわかっています。この時期の沖縄の選挙では、CIAから自民党を通して親米候補に巨額の資金援助が行なわれるのが普通でした。

しかし、そうした沖縄のタフな指導者の系譜に属する大田昌秀・元沖縄県知事は、

著書[9]のなかで、帝王のような権限をもつ高等弁務官も、

「長期にわたってその権限を一方的に行使することはできない状況下にあった。（略）現代ではもはや被支配者の同意もしくは黙認なしには、政治は機能しないからだ」

と分析しています。

事実、大田元知事が1984年に渡米して、瀬長氏を追放したムーア元高等弁務官を取材すると、彼は「あれは自分がやったというより、地元の経済界の人たちから何度も頼まれてやったことだ」と答え、「私としては沖縄の地主たちと、土地をほしがっていた私のボスの双方が満足できるよう努力したが、なかなか難しい仕事だった」と、かなり肩すかし気味の回想をしていたそうです。

ですから「現代の帝王」だった高等弁務官について考える場合も、ただ彼らを強権的支配者として批判するのではなく、そのカウンター・パートナーだった**当時の琉球政府首脳たちが、本当の意味で住民の側に立ってタフな交渉をしたか、それともみずからの私利私欲や地元の実力者の要望に流され住民を裏切るようなまねをしたのか、その点をよく検証する必要がある**と大田元知事は強調しています。このことが戦後の日本政府の対米交渉にそのままあてはまることは、あらためていうまでもないでしょう。

3 普天間は「法律上の飛行場」ですらない

普天間基地を「見学」にいく人は、必ずその南西方向1㎞の場所にある嘉数高台(かかずたかだい)公園を訪れます。ここは沖縄戦のなかでも、もっとも悲惨な戦いが行なわれた場所ですが、現在では47頁の写真のような地球儀の絵が描かれた展望台があり、双眼鏡があれば基地のなかの様子がよく見えます。

それだけでなく、ここはちょうど滑走路の延長線上約1.2㎞の場所にあるので、離着陸する軍用機がまともに真上を飛んでいきます。住んでみるまで知らなかったのですが、ぼくらの借りたアパートはさらにその延長線上500mくらいのところに建っていて、やはり離着陸する飛行機が真上を飛んでいく位置に部屋がありました。

ひどい日は、朝8時前から夜11時ごろまで、次々と飛行機やヘリコプターが飛んでいきます。しかもかなり低い。アパート(3階建て)の屋上から見ると、ボールを投げたら届くんじゃないかと思うくらいのところを飛んでいるのです。嘉手納基地もそうですが、米軍機は「タッチ・アンド・ゴー」といって、着陸したあと、停止せずに飛び立つ連続離着陸訓練をよくやりますので、同じ飛行機やヘリが数分おきに飛んでくることもあります。

でもこれは本来、ありえない状態なのです。というのも、普天間基地のある宜野湾（ぎのわん）市の元市長で現参議院議員の伊波洋一（いはよういち）氏によると、**2000年の日米合意によって、日本国内の米軍基地の安全基準と環境保護基準は、「日本またはアメリカの国内基準の、より厳しい方を適用する」となっているからです。**たとえばアメリカの連邦航空法では、滑走路の両端からそれぞれ900m以内の区域（横幅は滑走路側が450m、反対側が650mで台形をした区域）を「クリアゾーン」として、そこにはいっさいの建物があってはならないとしているそうです。理由はもちろん、墜落の危険が高いからです。[10]

しかし普天間基地では、なんとそのクリアゾーンのなかに小学校、児童センター、公民館、保育園、ガソリンスタンドのほか、800戸の住宅があり、3600人の市民が住んでいます。またアメリカの基準ではヘリの旋回訓練コースは基地の上空に限定され、住宅の上を飛ぶことは禁じられているのに、沖縄では島全体の上空を米軍機が自由に飛びまわっているのです。

なぜ、こんなむちゃくちゃなことになるのか。実は普天間基地の飛行場というのは、基地の設置基準どころか、**日本の国内法における飛行場の基準すら満たしていないというのです。どうしてかというと、日本の国内法では米軍基地は「日米安保条約上の提供施設」として、特例法によって航空法の適用から除外されているからだというのです！**（188頁）。おかしな話ですよねぇ。納得できるはずがありません。

伊波氏によると、少し前まで那覇防衛施設局（現・沖縄防衛局）の局長は「米軍機はどこを飛んでもいいんだ」、つまり「**国内法の基準もアメリカの基準も守らなくていいんだ**」ということをはっきり言っていたといいます。なぜなら、安全基準を定めた2000年の日米合意でも、「米軍の運用の所要（＝運用上必要）と認めた場合はその限りではない」となっているからだというのです！

「それなら最初から合意文書なんかつくんなよ」といいたくなりますが、なぜかそうした文書だけは、かならずつくりたがるようです（215頁）。

そうした適用除外の代表的な例が「低空飛行訓練」といって、戦闘機が敵地を攻撃するときのための訓練です。他の国ではできないそうした危険な訓練を、「米軍の運

嘉数高台公園

この公園のある高台は、第２次世界大戦末期の1945年４月、「沖縄戦最大の激戦」とよばれる過酷な戦いの舞台となった。かなり急な階段を、100段近くのぼったところにある展望台（写真）は、普天間の滑走路の延長線上、南西方向1.2㎞の地点にあり、普天間基地の全景が見えるだけでなく、遠くには米軍が上陸した北谷・嘉手納・読谷の海岸も見える。

兵力不足から上陸地点で米軍を迎え撃つことができなかった日本軍は、こうした高台を要塞化し、兵士が爆弾を抱いて戦車に体当たりをするという肉弾戦を敢行した。本土防衛の最前線に位置づけられた沖縄では、日本で唯一、住民をまきこんだ地上戦が行なわれ、人口の３分の１が死ぬという想像を絶する苦難を味わうことになった。

用上必要」ということで、日本政府は見逃してくれる。だから沖縄だけではなく、中国山地や四国山地、山口県の岩国基地から沖縄にかけてなど、日本全土で米軍機は低空飛行訓練を行なっているそうです。

しかも腹が立つのは、彼らは自分たちの住居や施設に関しては、完全に安全基準を満たした訓練を行なっているということ。つまり**自分の家族が住んでいる家や通っている学校の上は、絶対に飛ばないようになっているというのです。その理由は、もちろん「落ちると危ない」からなのです！**

伊波氏はアメリカのカリフォルニア州にある海兵隊の基地を訪ねたとき、大きなショックを受けたといいます（ちなみにいわゆる「アメリカ海兵隊〔海兵遠征軍〕」というのは世界に3つしかなく、1つが沖縄、2つがアメリカ本土の東海岸と西海岸にあります）。キャンプ・ペンドルトンというアメリカ海兵隊最大の基地の近くにあるオーシャンサイド市の市長に、基地被害についてたずねたところ、

「**被害？　市民に被害をあたえては基地は存続できませんよ**」

と言われたというのです！　そして、

「航空機の音は聞こえないし、ヘリコプターを見たこともない。何十年か前に砲撃演

習の音が聞こえて住民から苦情がきたので、司令官と市が相談して演習の場所を変えさせたことがあった」

とも言われたそうです。

有名な話ですが、2003年11月に当時のラムズフェルド国防長官が来日し、上空から普天間基地を視察して、「どうしてこんな基地があるんだ。いつ事故が起こるかわからないではないか。すぐ閉鎖すべきだ」と言ったそうです。そして翌2004年8月、その懸念は現実のものとなります。基地のすぐ横にある沖縄国際大学（50頁写真）にヘリが墜落したのです。夏休みだったこともあって奇跡的に日本側に死者も負傷者も出ませんでしたが、1カ月後には3万人の抗議集会が開かれました。けれども**そのあと、飛行訓練はやむどころか、もっと遅くまで飛ぶようになったというのです！**（夜10時までだった飛行訓練が、事故のあと11時まで飛ぶようになりました）。

こうしたアメリカの沖縄に対する二重基準を、いったいどう考えればいいのでしょう。伊波氏が渡米してアメリカの上院議員などに状況を説明すると、多くの人が顔色を変えて「こんな話は聞いていない。クレイジーだ」というそうです。でも日本国内では何も変わらない。結局、沖縄の米軍は、1972年以前の占領時の状態から、本

輸送ヘリ２機がペアになって飛行訓練をしている。右下の建物が沖縄国際大学。

質的には何も変わっていないのです。

１９５０年、長期占領をみすえて米軍の沖縄支配が軍政から民政へ変更されたとき、つぎのような民政府布令が出されました。

○琉球列島米国民政府布令第１号

第１章　琉球列島軍政長官によりこれまで発した布告、布令、司令は引き続き効力を有す。ただし**「軍政府」および「軍政長官」の語句のあるところは、それぞれ「民政府」および「民政長官」の意味に解する。**

つまり名称だけ変わって、実態は何も変わらなかったわけです。

その後、１９５２年にサンフランシスコ平和条約が発効し本土が独立したときも、１９６０年の安保改定時も、１９７２年の沖縄返還時も、アメリカのたくみな外交交渉によって米軍の権利はほとんど失われませんでした（163頁）。

表面的にはいずれも米軍側が譲歩した形をとっていたのですが、実は裏で密約を結んでいて、実態が以前と変わることはなかったのです。この基本パターンさえ押さえ

ておけば、現在の沖縄や日本本土で起きているアメリカがらみの不可解な事件は、みんな簡単に謎が解けてしまいます。瀬長亀次郎氏の事件（41頁）など、占領時に起きたよく似た事件を探せばいいのですから。沖縄を旅すると、普通のオジさんやオバさんたちが実にするどい政治的洞察力をもっていて驚かされますが、それは占領時代の記憶がまだ残っているからでしょう。

これは伊波氏の意見ではありませんが、**実は米軍基地の機能というのは案外もろくて、45m以上の高さにアドバルーンを飛行経路にひとつあげたら、安全基準の要件を満たすことができず、米軍機は飛行停止になる**そうです。ヘリの墜落事故から1年たったとき、沖縄国際大学が抗議の意味であげたところ、本当に米軍機は飛べなかったといいます。いくら言っても沖縄県民を人間あつかいせず、昼も夜も危険な訓練をつづけるなら、いっそ「人間の鎖」で基地をかこみ、みんなでヘリウムガス入りの風船（縁日で売っているやつ）に長いタコ糸をつけ、「ミニチュア・プロテストバルーン」としてあげてみたらどうか、という声も反対集会などではよく出るそうです。

HM

普天間基地南の真栄原交差点から、ビルをかすめて飛ぶ軍用機を見あげる。

４ 占領はまだつづいている

キャンプ・フォスターの東側にある小高い丘の上に、「コスタビスタ沖縄」というホテルがたっています。１９７３年のオープン時は「沖縄ヒルトンホテル」、その後「沖縄シェラトンホテル」といった時期もあったそうです。

昔はこのホテルに泊まって屋上にのぼると、58頁のような素晴らしい景色を見ることができました。このあたりは島のヨコ幅が４㎞ほどしかありませんので、東側の中城(なかぐすく)湾も、普天間基地から嘉手納基地につづく西側の海岸もよく見えたのです。

１９４５年４月１日、米軍はこの中部西海岸（北谷(ちゃたん)・嘉手納(かでな)・読谷(よみたん)）から沖縄本島への上陸作戦を開始しました。まず10万発ともいわれる艦砲射撃によって地上の建物をすべて吹き飛ばし、そのあと午前８時30分、上陸を開始したのです。日本軍が、米軍の上陸地点で待つ水際作戦をとらず、嘉数(かかず)高地など（47頁）に陣地を築いて待ち構える持久戦を選択したため、米軍はひとりの戦死者も負傷者も出さず、「足もぬらさず」上陸し、その日のうちに現在の嘉手納飛行場と旧読谷飛行場一帯を占領したといいます。そして2日目には東岸の中城湾に達し、沖縄本島を南北に分断することに成功しました。

その後の戦闘については、とてもこの本で紹介することはできませんが、重要なのはこのとき艦砲射撃をされて更地となり、上陸後、米軍に占拠された民間人の土地が、現在の米軍基地だということです（さらには戦後になってから、新しい基地をつくるため、多くの土地が住民から強奪されました）。ですから**この地域にある普天間基地や、キャンプ・フォスター、嘉手納基地などは、いずれも民間人の所有する土地がその90％以上を占めている**のです。

住民の多くは収容所に送られ、戦後帰ってきたときには、家や畑のあった場所が鉄条網で囲まれ、米軍の基地になっていました。住民は基地の周りの斜面（61頁写真）などに家を建て、土地が返還されるのを待つしかありませんでした。そうした状態がすでに70年以上つづいているのです。

これはあきらかに**「私有財産は没収してはならない」としたハーグ陸戦条約に違反**

ホテル・コスタビスタの屋上から、キャンプ・フォスターの家族住宅地区をのぞむ。手前の斜面に密集して建っているのは日本人の家。左上に小さく見えるのが普天間基地。写真に写っていない画面の右側に、キャンプ・レスター、嘉手納基地、嘉手納弾薬庫と、恩納海岸まで基地がつづいている。

返還後、再開発された美浜の「アメリカンビレッジ」に建つ観覧車。年中無休で、11:00～23:00のあいだ営業している。キャンプ・レスターやキャンプ・フォスターがよく見える。

戦後、収容所に入れられていた日本人が家に帰ってきたときには、家や畑はフェンスでかこまれた米軍基地のなかに入っていた。しかたがないので人びとは、こうした基地の裏手にある急な斜面に家を建て、土地が返還される日を待った。それからすでに70年以上がたっている。

した行為です。沖縄に来てこうした景色を見ると、「まだ占領が終わっていない」という言葉の意味がよくわかります。

東京で頭だけで考えていると、そういった言葉が実体のないレトリックのように感じられるのですが、この風景を見ると、逆に「独立」や「返還」といった言葉のほうがレトリックなのではないかと思えてきます。146万人もの国民が住む国土を占領（または租借（そしゃく））されている国は、もちろん独立国とはいえないからです。

こうした日本の現状を「保護国」と定義し、その歴史的構造をあきらかにしたのは、1992年に『さらば吉田茂――虚構なき戦後政治史』を書いたスタンフォード大学フーバー研究所研究員（当時）の片岡鉄哉氏でした。[11]

片岡氏は、戦後日本の政治体制の大枠は占領中につくられたとしたうえで、その本質は「アメリカが日本を支え、国家機能の代行をしていた」ところにあったとのべています。だがそれは「冷戦の間だけだった」。だから冷戦後、日本は国家機能を喪失し、長きにわたって衰退をつづけているのだと。

一方、**自民党という政党の一番の機能、存在理由とは、「日米安保体制を守り、運営することだった」**とのべています。たしかに2020年現在、60年前に結ばれた日米安保条約は一言一句変わっていません。その間、憲法改正をとなえる首相はいても、安保改正を口にする首相はひとりもいなかったからです。２００９年に政権交代が起きても、状況はまったく変わりませんでした。片岡氏は２００７年に亡くなってますが、もしいま生きていたら、日米安保体制を守ることは自民党の存在理由（レーゾンデートル）ではなく、日本政府の存在理由（レーゾンデートル）だと訂正されることでしょう。

5

鳩山首相はなぜやめたのか

「あれは前にもあったのよ」

はじめて辺野古に撮影に行ったとき（2010年9月）、そう教えてくれたのは、基地建設反対運動のテント村で「船長」と呼ばれている坂井満さんでした。5人乗りのボートを見事に操る彼女は、当時、反対運動への賛同者や研究者がくると船に乗せ、海上からキャンプ・シュワブや新しい基地の建設予定海域を案内していました。普段は大変忙しかったようですが、ぼくらが行ったときはたまたまスケジュールが空いていたため、幸運にもすぐにボートに乗せてもらえました。

海上では船を操る坂井さんと向かい合わせだったので、その年の6月、沖縄の米軍基地で辞任した鳩山由起夫首相について、ずっと疑問に感じていたことを聞いてみることにしました。

「鳩山首相が辞任したとき、どう思いました？　どうして基地の問題なんかでやめないといけないんでしょう。日本の首相っていうのはそこまで何もできないんですかね」

「だいたい、なんで担当大臣が全員留任してるんでしょう。どんな国の内閣だって、まず担当大臣が責任をとって辞任し、それでも世論が収まらなければ首相が辞任する。あたりまえの話じゃないですか。**どうして外務（岡田克也）、防衛（北澤俊美）、沖縄担当（前原誠司）の３大臣がみんなそのままで、首相だけがやめなければならないのか？**　こんなバカな国はほかにあるんでしょうか」

いま思えば「私にそんなことを聞かれても」と言われても不思議はなかったのですが、坂井さんは実にサラッと冒頭の言葉のように答えてくれました。そのあといろんな場所で会った人たちの答えも、みんないっしょでした。同じ辺野古の問題で、まったく同じことが13年前に起こったことがあるというのです。

１９９７年12月21日、辺野古の海上基地建設をめぐって名護市で市民投票が行なわれた。結果は、１万４２６７票（賛成＋条件付き賛成）対１万６６３９票（反対＋条件付き反対）で反対派の勝利。だが、その結果をうけた比嘉（ひが）鉄也（てつや）市長（当時）は東京へ

辺野古の新基地建設（2019年12月13日撮影）
海底に軟弱地盤が見つかり、建設を強行した場合、地盤改良工事を施しても一部の護岸は完成後、震度１の地震で崩壊する可能性が高いとされる（立石雅昭・新潟大学名誉教授他）。だが、それでもなお工事は進む。これはまさに安保国体の象徴ともいうべき歴史的建造物だろう。（写真提供：時事通信）

行き、同24日、橋本龍太郎首相と会ってなんと受け入れを表明、同時に辞任する意向を伝えた。この事件のあと、小さい子どもをもつ名護市の親たちは、社会の仕組みについてどう子どもたちに説明すればいいか、非常に悩んだといいます。

これには驚きました。たしかに東京に帰ってから資料を読むと、いろんな本に1997年の比嘉鉄也・名護市長の辞任について書いてあります。彼は市民投票の前年まで移設反対を表明しており、2600人の反対派市民の総決起大会まで開いていたといいますから、ますます鳩山首相と似ています。でも多くの沖縄人が直感でピンときたその思いは、本土のニュース番組や新聞解説で語られることはありませんでした。

「13年前と同じなのよ」

しびれるコメントです。基地の問題にくわしいキャスターや新聞記者、学者もいるはずなのに、どうして本土では誰もそういうことを言わないのか不思議でしかたありません。逆に沖縄では普通の人たちが、こうした見事に本質をついた言葉を聞かせてくれるのです。

つまり高等弁務官のところで見たように、基地（＝米軍）の問題については、アメリカ側の方針に反しない場合にのみ、民主的なルールが適用される。ピラミッドの10

段中9段は民主主義で運営されていても、一番上の段だけはちがう。ネコの許す範囲でしかネズミは遊べない。そうした占領時代のやり方が、いまもつづいている。しかもそれは沖縄だけでなく、日本政府にとっても同じだということです。

でも不思議なのは、日本の政治家だって、それほど腰抜けばかりとは思えません。とくに鳩山首相などは、途中までは自信満々にみえました。もちろん2011年5月にウィキリークスが暴露したように、外務・防衛官僚の抵抗（179頁）や、みずからが選んだ関係閣僚の「離反・落城」もあったでしょう。しかしそんなことはある程度、織りこみ済みのはずです。抵抗する閣僚・官僚は罷免すればいいし、最悪の場合でも、アメリカとの交渉を決裂させて辞任すればいいのです。なぜ、そこまで頑張りきれなかったのか。そのヒントとなる証言が2006年に行なわれていたことを、沖縄にきて知りました。

2006年9月21日、CBSテレビのインタビューに答えたパキスタンのムシャラフ大統領（当時）は、2001年のアフガン戦争のとき、自国の情報機関の長官を通じて、当時のアメリカ国務副長官リチャード・アーミテージ氏から、対テロ戦争でアメリカに協力しない場合、

01

普天間基地の滑走路の南側にひろがる駐機場に、オスプレイが５機とまっているところ。

「**空爆を覚悟しておけ。石器時代に戻る覚悟もしておけ**」

と脅されたことを明かしました。ムシャラフ大統領はこの発言について、「非常に無礼な発言と思いながらも、国益を考え、当時のタリバン政権に対する支援を停止し、アメリカの対テロ戦争にも協力した」

とのべています。事実、当時パキスタンは、アメリカの対テロ戦への支持をいち早く表明し、基地使用などの要請にも応じていました。

アーミテージ氏はインタビューで「**そんな言い方や表現はしていない**」と否定したものの、「「味方でなければ敵だ」と伝え、かなり強い言葉で協力を求めた」ことは認めています。

「味方でなければ敵だ」というのは、対テロ戦争におけるブッシュ大統領の公式見解ですから、それをアーミテージ流に「かなり強い言葉で」パラフレーズしたら、「石器時代に戻すぞ！」になるということなのでしょう。

このリチャード・アーミテージ氏と、元国務次官補・国防次官補のジョセフ・ナイ氏が、代表的な「ジャパン・ハンド（対日政策担当者）」であることは、ぼくもうっすらと知っていました。でも「補」ってついてるから、たいした人たちじゃないと思ってたんですが、とんでもないようです。国務次官補も国防次官補も、地球を4つとか6つに分割して、それぞれの地域を管理する責任者、いわば「ローマ帝国の属州総督」のような存在なのだそうです。

アーミテージ氏の発言はかなり荒っぽいものですが、鳩山元首相の祖父、鳩山一郎・元首相もやはりアメリカから、次のように脅されたことがわかっています。

日ソ平和条約の締結をめざす鳩山・フルシチョフ会談に先立ち、1956年8月19日、鳩山内閣の外相重光葵（しげみつまもる）は、アメリカの国務長官フォスター・ダレスとロンドンにおいて会談を行ないました。このとき日ソ関係が好転するのを懸念したダレスは、重光に対して北方領土の択捉島（えとろふ）、国後島（くなしり）の領有権を放棄しないよう強く求め、こう言ったといいます。

「ソ連が全千島列島を手に入れるなら、アメリカは沖縄に永久にとどまることになるかもしれません。**そうなると、日本のどのような政権も存続することはできないでしょう**」（外務省：「重光・ダレス会談」記録）

こういうマジな脅し方を、本当にするんですね。びっくりしました。

そういえば孤立無援のなか、あくまで普天間基地の「県外移設」にこだわりつづけ

2003年にオープンしたドライブ・イン「道の駅かでな」から、嘉手納基地をながめる。ここは４階が基地の見学用の展望デッキになっており、発着の多い日は高級カメラをもった軍用機マニアが集う。

ていた孫の鳩山由紀夫首相が、方針転換から辞任へと追いこまれていった２０１０年の４月から５月にかけては、３月26日に起きた韓国の大型哨戒艦「天安」の沈没問題をめぐって、北朝鮮と韓国の関係が緊迫していた時期でした。

鳩山首相はこの事件の普天間問題への影響を、

「現実に北朝鮮の脅威を感じた。ある意味で戦争行為。（移設先が）辺野古に舞い戻らざるを得なくなってくる時の現実の脅威が、てこみたいに働いてきた」[12]

と語っています。後半が少しわかりにくい表現になっていますが、「北朝鮮の行動に、戦争に匹敵するほどの脅威を感じ、そのことが辺野古案に回帰するうえでの大きな要因となった」という意味だと思います。

こうした場合、言うことを聞かない日本の首相に対し、アーミテージなら、

「もうすぐ戦争だ。北朝鮮の核をブチこまれたいのか」

ダレスなら、

「米軍の拡大抑止力（核の傘）が毀損（きそん）された状態で、核の存在する朝鮮半島で戦争が始まれば、**日本は国家としての存続が危ぶまれるかもしれません**」

と言ったことでしょう。「言い方や表現」は別にして、そうした内容をオブラート

にくるんでジワジワと伝えられたということではないでしょうか。これはたんなる想像で言っているわけではありません（168頁）。

このように、大国の外交交渉とは、いくら外交上の装飾をほどこしたところで、最終的には、

「AとBの道があります。どちらを選ぶかは、もちろんあなたの自由です。でもAを選べば友人として手厚くもてなしますが、Bを選べば徹底的につぶします」

というもののようです。日本も戦前、アジアではそう振るまっていますし、このあと出てくるアメリカの対日交渉も、最後はいつもそういう感じです。小国のほうはそうした恐怖に耐えながら、「選ぶのはもちろんAの道です。しかし……」といって粘り強い交渉を始めないといけないのですが、日本の場合は閣僚・官僚に加えて、なぜか本土のメディアや評論家までがアメリカ側に立って、首相が交渉すること自体を非難したりするのですから（「最初からできもしない交渉をするな！」とかね）、まともな交渉などできるはずもないのです。

道路工事のおじさんが行き方を教えてくれた、金武ブルー・ビーチ演習場がよく見える隣りの海岸。この大きな岩と左に見えるコンクリートの堤防から向こうが米軍の演習場。中央奥に野戦用キャンプのテントが設営されているのが見える。岩に突き立てられた灰色の棒には「USMC BOUNDARY（海兵隊の境界線）」と書かれている。

6 続・鳩山首相はなぜやめたのか

一方、日本側の問題としては、こういうこともあります。かつて駐米大使もつとめた村田良平・元外務次官（２０１０年死去）があきらかにしたことですが、もともと非核三原則のなかの「核の持ち込み」については、核を積んだ軍艦・軍用機の日本の港への立ち寄りと、領海・領空の通過はふくまれないことが、日米両政府の間で了解されていたのです。[13]

そうした核密約の問題にはまたあとでふれるとして（104頁）、問題はその了解事項のあつかい方です。古くは吉田茂首相以来、**アメリカ側が条文化したいと希望し、日本側が国内世論への対策上、公表したくないと考える合意事項は、文書をつくらず、口頭での了承を別の形（会談記録の文書化など）で確認するという形がとられてきました。これがいわゆる密約です。**

重要なのは共同通信の太田昌克記者が2009年3月、村田氏にインタビューしてあきらかになった、日本側の密約の管理方法です。**それは歴代の「外務事務次官だけの引きつぎ事項」となっており、紙に書かれたメモとして引きついだ外務事務次官が、歴代の外務大臣に説明することになっていた。**村田氏も、次官になって初めてそのことを知ったというのです[14]（もっともその後の太田さんの調査によると、次官だけというのは村田氏の認識不足で、条約局の条約課長や北米局の日米安保課長などはもちろん知っていたそうですが）。

これまで村田氏のような、外務事務次官をつとめ、駐米大使まで歴任した本当の外務官僚のトップが、こうした問題をあきらかにすることはありませんでした。村田氏にしても、死期をさとったうえでの遺言だったとされています。

さらに見逃せないのは、村田氏が同じ本のなかで、なぜ自分がこのことをあきらかにしたかの理由として、3つの点をあげていることです。

それは、①アメリカがすでに公的にその事実を認めていること、②軍事戦略上、アメリカがすでに水上艦艇から核弾頭を除去しているため密約の重要性がなくなったこと、③日本への核の持ち込みについてもタブー視せず、国民的討議が必要な時期がき

訓練飛行のために滑走路に向かうステルス戦闘機F-22Aラプター。

遮音壁内の駐機場に見える輸送機C-130ハーキュリーズの尾翼。

駐機場で点検を受ける対潜哨戒機P- ３Cオライオン。

着陸したばかりの空中給油機KC-135ストラトタンカー。

ていると考えたことの3点です。

つまり、そうした条件を満たさない密約や小密約が、まだほかにもたくさんあって、外務省や防衛省のエリートコースに乗った官僚たちにだけ、ひそかに引きつがれている。そしてなにも知らない政治家が、首相や外務大臣、防衛大臣になったとたんに、官僚のトップから説明を受け、あらびっくり、政権につく前の公約はまったく守れませんねー、ということになってしまうのでしょう。

これはアメリカ側の問題ではなく、はっきり日本側の問題だといえます。先にふれた太田昌克氏の話によると、外務省ではあきらかに**「密約を知っている＝日米関係をコントロールするポジションにいる」ことが、エリート中のエリートたちが省内の出世競争を勝ちぬくための重要なツールになっていた**といいます。

本来なら「必要悪」として一定期間たったら公開して清算しなければいけないものを、戦後ずっと超エリートだけの「秘伝」（太田さんによると「密教」）としてかかえこんでしまい、逆にそれが権力の源泉となって巨大な人事ヒエラルキーが生まれてしまっている。この点がどうしても外務省や防衛省の幹部たちが、首相のいうとおり動けなくなっている最大の原因なのでしょう（これは官僚たち個人のせいではなく、自民党という長期政権のなかで生まれた構造的な問題です。何世代にもわたってつづいているため、個人の力では絶対に変えられないものだからです〉。

鳩山元首相自身はこの問題について、退陣後、何度かインタビューで語っています。「安全保障の議論というのは、ポッとなりたての総理になにがわかるんだという思いも、彼ら〔外務官僚・防衛官僚〕にはあったんではないでしょうか。

すなわち、いままで数十年間積みあげてきた日本とアメリカの信頼関係というものを、そんなに簡単に壊せるものじゃないよと。〔日本の安全保障は〕外務省と防衛省が中心となってつくりあげてきたわけです。そして彼らの考え方からすれば、アメリカあっての日本の防衛だと思っているわけですから」

〔鳩山氏が官房副長官をつとめた細川護熙内閣の事例によせて：NHKスペシャル「日米保50年③〝同盟〟への道」2010年12月11日〕

「〔県外〕という私の新しいアイデアは、外務、防衛両省の幹部から〕一笑に付されたところがあるのではないか。**本当は私と一緒に考えるべき防衛省、外務省が、実は米国とのあいだのベースを大事にしたがった。官邸に両省の幹部2人ずつを呼んで、このメンバーで戦っていくから情報の機密性を大事にしようと言った翌日に、そのことが**

新聞記事になった。きわめて切ない思いになった。誰を信じて議論を進めればいいんだと」（『琉球新報』『沖縄タイムス』２０１１年2月13日）

「〔外務、防衛両省の幹部たちは〕自民党政権時代に相当苦労して、県内移設というひとつの答えを出して、これ以上はないという思いがあり、徐々にそういう方向に持っていこうという意思が働いていたのではないか」（同前）

前にもふれたウィキリークスの暴露によって、鳩山首相のこうした証言が完全に事実だったことがあきらかになりました。

しかし、驚きますよね。相手は自国の首相ですよ。なのに外務・防衛官僚の幹部たちは、首相よりも「アメリカとのあいだのベース」をはっきりと優先させ、首相が「このメンバーで戦っていくから情報の機密性を大事に」と言った、ほとんどその日のうちにそれを新聞社にリークしたというのですから。面従腹背といいますが、面従している時間のまあ短いこと。しかもなぜか、こういう本質的な問題については本土のメディアはまったくとりあげず、同じインタビューのなかで鳩山元首相が「抑止力は方便だった」と言ったことだけが報道され、また鳩山が軽率なことを言ったとバッシングされているのです。

これでは日本の首相が政権についたあと、約束したことをなにひとつ実行できないのは当たり前ですよね。**現在の日本の官僚組織は、日本国首相ではない「別のなにか」に忠誠を誓う構造になっている。その大きな原因のひとつが、先にふれた密約と、巨大な密約の法体系**（183頁）**なのです。**

アメリカの政治システムのよくできたところは、一時的には密約を結んでも、一定の期間が過ぎれば「とくに重要なもの」以外は公開していることです。そのとき考慮されるのは「アメリカの国益を損ねるかどうか」ということだけで、他国の国益への配慮はあまりないといいます。そのため「すでにアメリカで文書が公開された密約を、日本政府があくまで否定し、国民の政治家や官僚に対する不信と侮蔑がますます深まる」という悪循環を生んでいるのです。

だから鳩山元首相や細川元首相には、ムシャラフ大統領みたいに、アメリカとのやりとりについて可能なかぎりふみこんだ回顧録を書くことをお願いします。とくに細川元首相。圧力があったことはみんな知ってるのに（168頁）、せっかくの回顧録（『内訟録：細川護熙総理大臣日記』日本経済新聞出版社、２０１０年）でまったくそれにふれていないのは臆病すぎます。

ムシャラフ氏が問題の回顧録を書いたのはまだ現役の大統領のときで、アメリカ訪問中、CBSの看板番組“60Minutes”（2008年1月5日）でアーミテージ氏の「石器時代発言」を暴露したというのだから、なかなか肝が太い。その2日後の映像を当時はまだYouTubeで見ることができました。ブッシュ大統領とならんで会見しながら、「けさの新聞で初めて知ったが、強烈な言葉がならんでてびっくりしたよ」というブッシュに対し、「詳細は3日後に本が発売されるまで、出版社との約束上、言えないことになっている」などと、鮮やかな受け答えをしています（もちろん、打ち合わせ済みなのでしょうが）。

こういうことを日本の首相も言ってくれたらなぁと、うらやましく思いながらYouTubeの映像を見てたんですが、なんとこのあとパキスタンでは、**こうしたムシャラフの姿勢に対し、「弱腰だ！」と国民が大激怒。あやうくクーデターが起こりそうになった**というのですから、日本人は真剣に反省しなければいけません。アーミテージ氏が日本で行なっているような政治指導者への侮蔑的発言（左頁）が、もしパキスタンで国民の知るところになったら、大統領は確実に暗殺されていたことでしょう。

（２０１０年にアーミテージ氏は、鳩山元首相は「ドリーマー（夢見る人）」で「日米同盟というものをきちんと理解していない」。小沢一郎元代表は「反米」で「ペテン師（Crook）」。菅直人元首相は「自分が何を言っているか理解できていない」し、安全保障について「考えはない」と著書の中でのべています。[15] まあ、とくに一番最後が事実であることは否定しませんが）

7 天皇に切り捨てられた島

「そらぁ、天皇さぁ」

じゃあ、**なんでイラクからは7年で撤退したのに、沖縄には75年たってもまだ居座っているんだ、米軍は。**本土ではだれも答えられないこの謎に、沖縄で古書店をいとなむMさんは、こう軽く答えてくれました。そして調べてみると、まったくそのとおりなのです。

でも「天皇メッセージ」といわれるこの問題、本土では相当なインテリでもあまり知りません。よく読むと戦後史の本などには出てくるのですが、ぼく自身も含めて、みななんとなく読み飛ばしてしまっているようなのです。

1979年、筑波大学の進藤榮一教授が、同年4月号の雑誌『世界』に「分割された領土」と題する論文を発表し、**1947年、昭和天皇がマッカーサー司令部に対し、**

沖縄の半永久的な占領を求めるメッセージを側近を通じて伝えていたことをあきらかにしました。[16]

「天皇は、沖縄に対する米国の軍事占領は、日本に主権を残したままでの長期租借――25年ないし50年、あるいはそれ以上――の擬制（フィクション）にもとづくべきであると考えている」[17]（米公文書：257頁参照）

同じころ、沖縄の大田昌秀元知事（当時、琉球大学教授）もこの文書を入手していましたが、あまりの内容に、ショックを受けるよりも、「まさか、何かの悪い冗談だろう」と思ったといいます。あまりにひどい内容なので、とても信じられなかったわけです。だからそれから10年後の１９８９年1月、昭和天皇の側近だった入江相政侍従長の日記によってそれがほぼ事実だと確認されたとき、沖縄の人たちが受けた衝撃は非常に大きかったようです。[18] このとき**沖縄の新聞は大々的に報道したので、沖縄の人たちはみんなこのことを、よく知っている**のです。

入江侍従長の日記には、こんな部分がありました。

「昨夜赤坂からの車中で〔昭和天皇から〕うかがった、沖縄をアメリカに占領されることをお望みだったという件の追加の仰せ。蒋介石が占領に加わらなかったのでソ連も入らず、**ドイツや朝鮮のような分裂国家にならずに済んだ**」

こうした部分も以前はうっかり読みとばしていました。でもここで沖縄の人たちは激しく怒りだすのです。自分たちは切り捨てられたじゃないか。どうして沖縄が占領されたのに「分裂国家にならずにすんだ」なんて言えるんだ。たしかにそのとおり。返す言葉もありません。沖縄の相対的な小ささ（本土の人口の100分の1）と、ドイツや朝鮮半島のように「冷戦のライン」で分断されなかったことが、錯覚の原因となってしまうようです。

マッカーサーは前後11回におよんだ昭和天皇との会談のなかで、「戦争はもはや不可能であります。戦争をなくするには、戦争を放棄する以外には方法はありませぬ」（第3回会見：1946年10月16日）とか、「日本が完全に軍備をもたないこと自身が、日本のためには最大の安全保障であって、これこそ日本の生きる唯一の道です」（第4回会見：1947年5月6日）など、みずからが起草した憲法9条の理想（戦争放棄＋戦力放棄）を何度も強調していました。**それは成立時の国連憲章が本来理想としていた、いわば人類究極の夢を形にしたもの**でした。マッカーサーは自分がその夢をまず日本で実現し、他国があとにつづくことで、世界史に不朽の名を刻もうとしていたのです（同時に、日本占領をスムーズに行なうためにどうしても必要な天皇制を維持するため、「戦力放棄」をうたって各国からの批判をかわそうという狙いも、もちろんありました）。

しかし現実の世界はマッカーサーが夢見たようには動かず、**日本国憲法が誕生した翌年（1947年）には、共産主義勢力の拡大をうけ、アメリカ政府は対日占領政策を大きく転換します。「行き過ぎた民主化と非軍事化」をやめ、日本を「反共の砦（とりで）」にしようと考えたのです。これがいわゆる「逆コース」の始まりです。**

この政策転換に当初マッカーサーは反対しますが、翌1948年から徐々に政策転換を始め、1950年に朝鮮戦争が始まると、ついに「日本の戦力放棄」という大方針を転換し、警察予備隊（後の自衛隊）の創設を命じます。**占領下で起きたこの突然の政策転換が、戦後の日本の安全保障論議を複雑にする大きな原因となっているのです。**

一方、昭和天皇は最初からこうしたマッカーサーの理想主義に、まったくまどわされなかったようです。この問題の第一人者である元関西学院大学教授の豊下楢彦（とよしたならひこ）氏は、この時期に昭和天皇が行なった一連の「天皇外交」を憲法違反としてきびしく批判しながらも、昭和天皇個人の能力については、情緒的な吉田首相などとはちがって「はるかにリアルでクールであった」と高く評価しています。[19]

「結果として天皇の行なった「外交」は、米軍駐留問題でも沖縄問題でも講和問題でも、政府外務省の施策決定を見事に〝先取り〟するものだった」

たしかに、先にふれた第4回会見でのマッカーサーの理想主義的な発言に対し、昭和天皇は、中国やソ連が拒否権をもつ国連や、9条の理想主義では国は守れないとでもいうかのように、

「日本の安全保障を図るためには、アングロサクソン〔英米〕の代表者である米国がそのイニシアチブをとることを要するのでありまして、このため元帥のご支援を期待しております」

と、はっきり反論しています。この言葉と、35頁で紹介した岡崎久彦氏の言葉（詳しくは254頁・注5）を読み比べてみて下さい。その後70年以上、日本外交が基本的にこのとき昭和天皇がひいたレールの上を走ってきたことがわかるでしょう。

豊下教授によれば、昭和天皇がこれほど強く米軍の駐留を希望したのは、その高い政治能力と政治的リアリズムに加えて、共産主義革命への強い恐怖があったからだと

いいます。マッカーサーとの最初の会見でおそらく昭和天皇は、アメリカが「自分を処罰（処刑）せず、使おうとしている」心証をつかんだ。だからその後、天皇と側近たちの最大の心配は、日本に共産主義革命が起こることになったというのです。もしそれが現実になった場合、彼らはみんな人民裁判で死刑になる可能性があったからです。

こうしてマッカーサーが夢見た「戦力を放棄した理想国家」のなかで、**「『国体護持』のための安保体制があたらしい『国体』となった」**と豊下教授はいいます（これが豊下教授の有名な「安保国体論」です）。わかりやすくいえば、「天皇を米軍が守る」という日米安保体制が、戦後日本の新しい国家権力構造になったということです。

これは実に見事な分析だと思います。昔から、日本の右翼がどうしてみんな親米なのか不思議でしたが、これで納得がいきました。そもそも右翼の国際的定義からいえば、1995年の沖縄米兵・少女暴行事件のようなことが起これば、米軍基地に自爆テロでもかけようかというのがナショナル・スタンダードのはずです（イラクを見よ）。そこに違法性を差し引いても右翼が民族社会のなかで尊敬を受ける、ある種の理由があります。

ところが日本の場合、右派の大物である岸信介も児玉誉士夫も、なんとＣＩＡから金をもらっていたことがわかっています。でも「天皇を米軍が守るのが日本の国体」なら、右派や右翼が親米もしくは属米になるのは、むしろ当然の話です。その結果、日本には健全な自主独立派勢力というものが育たず、「右翼」というと中国や韓国・北朝鮮の問題には妙にいきりたつが、現実に自国に駐留している米軍については何も言わない、言えない、そういう人びとという状態になっているのです。

こうしてさまざまな偶然（とくにマッカーサーの個性が大きかった）の末に、**国内で広く支持されている天皇制と、その後も世界最強でありつづけた米軍（外国軍）が深く結びついたことが、戦後日本のどうしようもなく複雑なねじれ現象を生んだ**といえるでしょう。本来もっとも愛国的であり、自主独立をとなえるべき右派勢力が、米軍の駐留をもっとも強く支持するというパラドックス。それがイラクからは7年で撤退した米軍が、70年以上たってもまだ日本にいる原因であり、「そらぁ、天皇さぁ」といったＭさんの言葉は実に正しいのです。

そして「戦力放棄」「平和憲法」という理想をかかげながら、世界一の攻撃力をもつ外国軍（米軍）を駐留させつづけた戦後日本の矛盾は、すべて沖縄が軍事植民地となることで成立していたというわけです。

政治の本質が結果責任（全体利益の追求）であるとすれば、昭和天皇や吉田首相がマッカーサーやダレスからの圧力と対峙しながら構築した「戦後日本」は、50年のスパンで考えると大きな経済的成功をおさめたといえるでしょう。しかし100年のスパンで考えるとどうか。沖縄という同胞を切り捨て、ひたすら経済的繁栄を追い求めたことのつけが、まさにいま問われつつあるのです。

8

県道251号線・パイプライン道路を行く

アメリカ文明というのは、ひとことでいうと石油文明なのだそうです。1870年にジョン・D・ロックフェラーがスタンダード石油を設立し、1908年にはヘンリー・フォードが大衆車（T型フォード）の生産を始めます。第2次大戦後は原油の決済をドルでしか行えないようにして、国際通貨としての地位を盤石なものとしました。

だからかつての覇権国でも、石炭文明として始まったイギリス帝国にくらべると、アメリカは石油コンシャスな度合いがすごいらしい。マッカーサーが厚木に降りたったときも、すぐに横浜から東京までパイプライン（送油管）をひけといったそうです。ここからはウロ覚えですが、日本側は2年かかりますといったが、米軍はそれなら自分たちでやるといって、実際に2週間で敷設をおえたという話を読んだ記憶があります。どこに行っても、まずパイプラインをひく。古代ローマ帝国でいえば水道橋や舗装道路にあたるもっとも重要なインフラが、アメリカ文明ではこの石油パイプラインなのです。

戦後、沖縄を島ごと軍事基地化しようとした米軍は、まず那覇軍港の南に18基の巨大な石油タンクをつくりました。そこから直径350㎜の太いパイプをひいて、普天間など主要な基地を経由しながら、嘉手納まで石油を供給することにしたのです。

でも、どのルートでパイプを通せばいいのか。実は沖縄には戦前、「軽便鉄道」とよばれる県営の小型鉄道が走っていました。米軍はその線路の敷地を利用して、那覇から嘉手納までパイプラインをひくことにしたのです（戦前の軽便鉄道は、いま那覇バスターミナルがある場所に「那覇駅」があって、島の東側まで与那原線が走っていました。その与那原線の1つ目の「古波蔵駅」から分岐して北へ向かう嘉手納線が「嘉手納駅」まで走っていたのです）。

現在、そのなごりが県道251号線、通称「パイプライン通り」にのこされています（101頁地図）。251号線は国道58号線と国道330号線のあいだを走っていて、おもろまちのホテル「ザ・ナハテラス」の少し南の「安里1」交差点を起点に、北に向かって新都心を抜け、「古島」交差点をわたり、県道38号線を越え、県道34号線を越えたら150ｍ

ほど先を左折し、すぐ右折して、58号線と並行して細い道をキャンプ・フォスター南の県道81号線まで走る。これがパイプライン通りです（16頁地図も参照）。もともと道路としては設計されていなかったので、かなりアップダウンのある場所もあります。

沖縄の米軍基地をひとつの生き物と考えれば、各基地で使われる膨大な石油は血液、それを供給するパイプラインは血管ということになります。だからそうした燃料の購入や貯蔵、送油を担当する陸軍の「第505燃料補給大隊」は、非常に重要な部隊とされており、嘉手納飛行場のとなりに独立した司令部までかまえています（彼らのマスコットが102頁に写真のある「パイプマン」です）。

那覇から嘉手納までの人口密集地帯を通っていたパイプライン（「北上ライン」）はすでに撤去されており、現在の燃料供給ルートは次のようになっています。まずジェット燃料は天願桟橋（18頁地図⑮）沖の「天願ブースターステーション（送油ポイント）」から近くのタンク・ファームに陸揚げされます。

到着したタンカーからホースをおろし、直径10ｍのモノブイのところでパイプラインにつなぐ。あとは海底に埋められたパイプラインを通って、燃料が近くのタンク・ファームに送りこまれるというわけです。そこからは嘉手納弾薬庫などの下を通って、桑

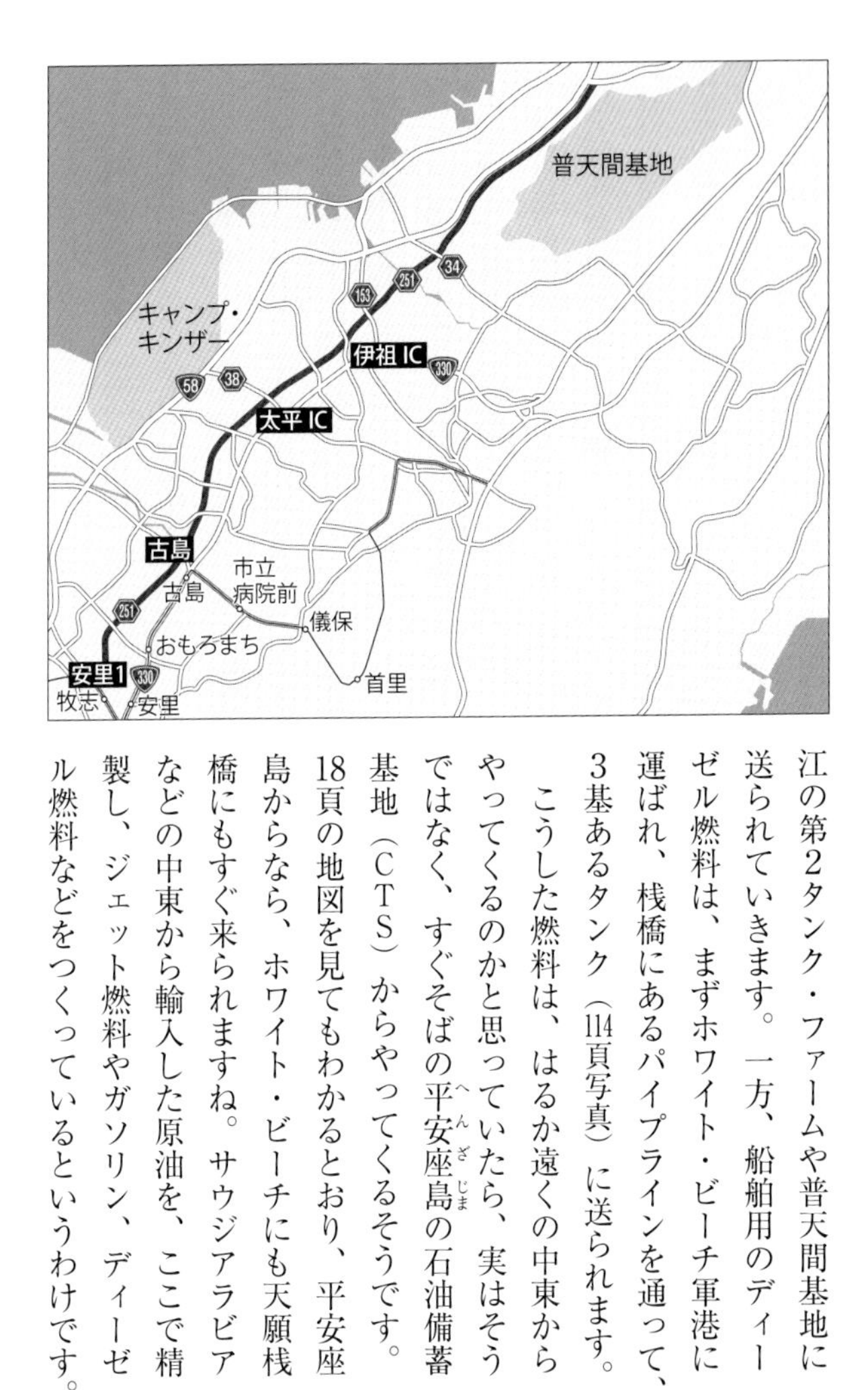

江の第2タンク・ファームや普天間基地に送られていきます。一方、船舶用のディーゼル燃料は、まずホワイト・ビーチ軍港に運ばれ、桟橋にあるパイプラインを通って、3基あるタンク（114頁写真）に送られます。

こうした燃料は、はるか遠くの中東からやってくるのかと思っていたら、実はそうではなく、すぐそばの平安座島の石油備蓄基地（CTS）からやってくるそうです。18頁の地図を見てもわかるとおり、平安座島からなら、ホワイト・ビーチにも天願桟橋にもすぐ来られますね。サウジアラビアなどの中東から輸入した原油を、ここで精製し、ジェット燃料やガソリン、ディーゼル燃料などをつくっているというわけです。

鉄パイプでつくられた「パイプマン」。米陸軍・第505燃料補給大隊のマスコットだ。この大隊が島じゅうに張りめぐらされたパイプラインを管理して、各基地へ燃料を供給する役割を負っている（100頁）嘉手納基地北側の県道74号線沿いにある。

SERVICE
THROUGH
SUPPORT

9 嘉手納と辺野古の弾薬庫に核はあるのか

「密約研究の父」と呼ばれる新原昭治さん（国際問題研究家）が発見したアメリカの公文書によると、米軍は占領下にあった沖縄に、１９５３年頃から核兵器を配備しはじめ、**ベトナム戦争が激化した1967年には1300発以上の核兵器を配備していた**そうです。

われわれ本土の日本人は、こういう話を聞くと、「やっぱり沖縄は大変だったんだなぁ」と他人事のように思いがちですが、どうやらそれはまちがいのようです。当時の公文書を読むと、１９５０年代から６０年代にかけて、朝鮮半島でふたたび戦争が起こることを想定していた米国防省は、日本本土にもなんとか核をもちこもう、日本全体を「核基地化」しようとさまざまな働きかけを行ない、一部成功していたことがわかっているからです。

正式なルートでの交渉は国務省や駐日大使から拒否されたため、いくつかのかなり「姑息な方法」が検討されていました。

たとえば、本土での核貯蔵については日本の防衛庁長官とだけ「密約」をかわし、首相は知らないことにしておく。そして秘密が発覚したら、防衛庁長官だけが辞任し、首相は知らなかったことにする。驚いたことに１９５０年代の西ドイツのアデナウアー政権では、本当にこうした密約がかわされていたそうです。

または核兵器を積んだ輸送機（C－130）が沖縄から各地の在日米軍基地へ飛び、次の輸送機がローテーションで到着するまでそこにいる。結果としてつねに核を積んだ輸送機がいるという方法。さらには本物の核兵器を「練習用」と偽ってもちこみ、特定の日本側当局者にだけ通告しておくという方法も提案されていました。

それらはすべて実現しませんでしたが、代わりに次のような方法がとられたことがわかっています。ひとつはよく知られているとおり、船に核を積んで横須賀や佐世保に寄港するやり方。もうひとつは、核爆弾から核物質（プルトニウムや高濃縮ウラン）を抜いた「非核コンポーネント」を日本国内の米軍基地に貯蔵しておく。これは完成品じゃないから「核」ではないということにしておき、**核物質部分（核コンポーネン**

世界最大級の規模をもつ嘉手納弾薬庫。深い緑の合い間に、パトリオット・ミサイルの発射トレーラーが見える。嘉手納基地へのミサイル攻撃を想定して、照準を合わせる演習をしているのだろうか。1972年までは、ここに大量の核兵器が貯蔵されており、有事には地下通路で結ばれた嘉手納基地の飛行場（左上）から、本土の米軍基地に運ばれることになっていた（109頁）。

ト）のほうは、沖縄の嘉手納基地から輸送機で運んで装塡するという方法です。

そのため嘉手納基地には、いつでも本土に核を運べるよう、24時間態勢で輸送機（C-130）が待機していたそうです。そして「日本政府の同意があろうがなかろうが」、警戒態勢となればすぐに核を積んで飛び立ち、板付（いたづけ）（福岡）、横田（東京）、三沢（青森）で待機している戦闘機F-100または爆撃機B-57に装塡する。警戒情報が本当だったらそのままソ連や中国に飛んで、上空から爆撃できるようになっていたというのです。

さらにもうひとつ、1960年代後半まで山口県の岩国基地（日米共同使用）には、**核を積んだ揚陸艦が沖合いにつねに停泊しており、**核爆弾を陸揚げして軍用機に積みこむための訓練も行なわれていました。そのことは、なんと**ライシャワー駐日大使（1961～66年在任）でさえ、退任直前まで知らなかった**のです。

こうした話を聞くと、日本の平和憲法、平和主義というものが、主観的にはともかく、周辺諸国から見ていかに実体のないものだったかがよくわかります（だから意味がなかったとまでは言いませんが）。むかしソ連側の意見として、もし北方領土を日本に返還した場合、そこに米軍基地が建設され、核が配備されない保証はあるのかという議論を聞いて、「それはさすがに言いがかりじゃないのか」と思った記憶があるのですが、歴史的事実をみるとそうした懸念は、根拠のないものではまったくなかったことがわかります。中国やソ連からすると、自分たちの核はアメリカに届かないのに、そのわき腹にはつねに沖縄や日本本土にある米軍基地から核が突きつけられていたわけですから。

沖縄でいえば、1972年の返還後も緊急時には沖縄へふたたび核をもちこむこと、そのため本土復帰時に核兵器が貯蔵されていた嘉手納弾薬庫、那覇弾薬庫、辺野古弾薬庫、ナイキ・ハーキュリーズ発射基地（恩納サイト・知念サイト・那覇サイト）については、いつでも使用できるよう維持しておくことが佐藤・ニクソンの密約によって合意されていました。[20]

こうした密約の内容を知ると、米軍がやたらと辺野古にこだわったり、嘉手納の返還についてちょっとでもふれると強く反発するのは、やはりなにか核が関係しているんじゃないかという疑いをもってしまいます。アメリカの核戦略はその後大きく転換し、**現在は沖縄には核がないというのが定説ですが、沖縄の友人たちに聞くとみんな、「あるにきまってるさー」といいます。**ぼくの持論である「沖縄の一般人は、本土の

辺野古の弾薬庫。ここと嘉手納弾薬庫には、1972年の本土復帰まで核兵器が貯蔵されていた。さらに佐藤・ニクソンの密約によってこれらの弾薬庫は、緊急時にはいつでも核兵器をもちこめるよう、つねに使用可能な状態で維持しておくことが合意されていた。

学者や評論家より正しい」仮説によると、やっぱりあるのかなぁという気がしてきます。

たしかにこれまで見てきたとおり、「非核コンポーネント」は核ではないとか、沖合いの艦船への配備はやってるとか、防衛庁長官だけに言っておく方法や本物を練習用と偽ってもちこむ方法などを検討するとか、グレーゾーンや密約がたくさんあって、わけがわからなくなってしまいます。なにしろあのケネディ大統領から直接指名されて赴任したライシャワー大使でさえ、岩国基地への事実上の核配備（108頁）は知らされてなかったのですから、本土の学者や評論家がいくら「ないのが定説だから」と言っても、とても信じることはできません。

事実この問題に関しては**大田元知事も、**

「辺野古弾薬庫に貯蔵されていたといわれる核兵器が、復帰に際し、全て撤去されたか否かは誰にもわからない」[21]

とのべていますし、琉球大学の我部政明教授も、アメリカの公文書のなかに、「1971年11月、陸軍が「沖縄からナイキ・ハーキュリーズ搭載用の核弾頭を航空機に積みこんで撤去する計画を承認した」とする文書はあるものの、

「返還以前、沖縄に駐留する米国軍隊のなかでも弾薬庫をもつ空軍と海軍がそれぞれ

核兵器を貯蔵しているという疑惑がもたれていた。今なお、その疑惑は存在する。**陸軍の核が撤去されたとして、ほかの核兵器はどうなったのか確認はとられていない。（略）嘉手納弾薬庫の核兵器はどうなったのか、今後の検証を待ちたい**[22]」

とのべています。

これはホワイト・ビーチ軍港にある陸軍の「B桟橋」。手前に見える3つの台形の丘のようなものが、艦船用のディーゼル燃料のタンク・ファーム（101頁）。第2次世界大戦末期、米軍はこの中城湾に数百隻の軍艦を集結させて、本土攻撃の出撃基地とする計画をもっていた。

近くに住む農家の人の話では、9.11が起こるまでは司令官から許可証（フィッシング・パス）をもらって桟橋まで行き、釣りをすることができたという。

Ⅱ 戦後史から考える

水陸両用装甲車の訓練が辺野古の海岸で始まる。

10　日本国憲法と日米安保条約

　ところで、みなさんは**日本国憲法が米軍によって英語で書かれた**ということをご存じでしたか？　ご存じの方はいつ知りましたか？　そのとき何歳でしたか？

　ぼくは１９９２年ごろに知りました。たぶん32歳だったと思います。日本版ニューズウィークかなにかの雑誌に、「神は6日間で世界をおつくりになったが、ＧＨＱは1週間で日本の憲法をつくった」という記事がのっていたからです。

　おどろきましたねー。そんなこと、学校で習ってなかったですから。しかもそのころぼくは、なんと世界史の本の編集者だったんです。そしてもっと不思議だったのは、調べてみるとそのことについて書かれた本は何冊もあったということです。でもまったく知らなかったんですね。あんまり驚いたので調べていたら、1年後、大阪の朝日放送で「日本国憲法を生んだ密室の9日間」（１９９３年2月）というＴＶ番組（製作

「ドキュメンタリー工房」）が放映されたことを知りました。

敗戦から半年たった１９４６年2月４日から12日にかけて、**マッカーサーの命令を受けたＧＨＱ（連合国総司令部）のメンバーが、わずか９日間で現在の日本国憲法の草案を書きあげた**。その過程を関係者の資料（秘書役をつとめた女性のメモなど）と生存者へのインタビューで再構成するという番組でした。

基本的には当時の日本政府のあまりにも遅れた憲法改正案に怒ったマッカーサーが、独自の憲法草案の作成を命じ、それを受けてふるいたった弁護士や学者出身の部下たちが「理想の民主主義国の憲法」をつくるために奮闘するというストーリーのものでしたが、いま思えば裏側の事情までよく目配りされた番組でした。それから30年近くたちますから、いまでは日本国憲法を米軍が書いたということをご存じの方もかなり多いと思います。

ＧＨＱはその事実を３年後の１９４９年に公表しましたが、まだ占領中で検閲が行なわれていたため、ほとんどの日本人はそのことを知りませんでした。でもやっぱり不思議です。占領が終わってから30年以上たった１９８０年代に、ぼくが９条の問題や象徴天皇制の問題について調べたときも、ほとんどの本にそのことは書かれていま

国道58号線沿いの車両置き場と整備工場。歩道橋の上から見学することができる。ここや那覇軍港のあたりには、 ベトナム戦争のときはジャングル仕様のダーク・グリーンの戦車（写真上）が、湾岸戦争やイラク戦争のときは砂漠仕様の薄いベージュ色の戦車（写真下：嘉手納基地）が置かれていたという。
だから難しい本を読まなくても、沖縄の人たちは米軍の抑止力について、本土の評論家よりもずっとよく知っている。ダーク・グリーンやベージュ色の戦車が、日本を守るためにいるわけではないことを、日々の生活のなかで自然に知っているのだ。

金武ブルー・ビーチ演習場。訓練後の撤収作業。

辺野古の沖合から久志岳を望む。砲撃演習によって削られた2つの穴が痛々しい。

せんでした。**どんな本でも、そんな基本的なこと、最初に書いてなきゃ、おかしいですよね。授業でも教えておいてくれないと困ります。憲法といえば、国家の根幹なんですから。**

安保条約についても同じです。いちばん基本的なことを長らくまったく知りませんでした。

1951年9月8日、吉田首相がサンフランシスコ平和条約にサインし、日本の占領終結が確定したその同じ日、吉田首相と池田勇人蔵相がアメリカの陸軍基地内の下士官用クラブハウスにおもむき、日米安保条約が締結されました。平和条約のサインが11時30分、安保条約へのサインが17時30分。わずか6時間後のことだったそうです。[24]

このことは、やはり20年ほど前に『日本が独立した日』[25]という本を読むまで知りませんでした。平和条約締結と同時に日米安保条約が調印された。つまり両者は一体だった。そして占領軍はただ名前が駐留軍（在日米軍）となっただけで、実態は変わらなかった……。憲法もそうですが、どうしてそんな大切なことを自分は知らなかったのか。

そういえば日本の中学高校の歴史の授業って、縄文時代から始めて日露戦争あたりで時間切れになりますよね。大学入試に昭和の問題が出ることも、ほとんどないそうです。「現代史は意見の対立があるから教えにくい」というのがよく耳にする理由ですが、本当はこの憲法と安保条約のあたりに原因があるんじゃないでしょうか。たしかに生徒にどう説明すればいいのか、困ってしまいますよね。国としてもいまだにどう受けとめていいかわからず、見て見ぬふりしてるわけですから。事実をストレートに教えたらすぐに「改憲だっ！」ということになって、絶対改悪になる（アメリカと共に国外で戦争できるようになってしまう）という心配もあるんでしょう。

でもどんな歴史であれ、憲法なんていう根本的な問題については、事実は事実として教えておいてもらわないと、議論することもできません。だから、

①日本の憲法が、アメリカの、しかも軍部によって書かれたこと（1946年）。

②占領終結のための平和条約に調印した同じ日（6時間後）に、日米安保条約が調印され、占領軍（アメリカ軍）はただ名前が在日米軍と変わっただけで、そのまま駐留しつづけた。つまり実質的に占領が継続されたこと（1951年）。

③絶対平和主義（非武装）にもとづく日本国憲法と、国内に米軍の駐留を認めた日米

嘉手納基地の北側にある米陸軍の通信基地「トリイ・ステーション」。２つの赤い大鳥居は、隠れた観光名所になっている。ぼくらも観光客といっしょに写真を撮っていたら、日本人の警備員さんに「撮影は道の反対側からにしてください」といわれた。

安保条約とは、実は表裏一体の関係にあること（1951年以降）。

この3点だけは、だれかちゃんとした人が整理して、学校で教えられるようにしてもらえないでしょうか。だってこれが戦後日本のコンセプト、いわゆる「この国のかたち」なんですから。

こうした基本的事実について知識が共有されていないと、国民のあいだに無用の争いと対立が生まれてしまいます。その代表が「改憲」と「護憲」をめぐる感情的対立でしょう。沖縄の問題を知るまでのぼくがそうだったように、日本人の多くは長らく自分を「護憲・平和主義者」だと思ってきました。そして憲法9条に少しでも疑問をもつ人間を「改憲論者」と呼んで、生理的な拒否反応を示してきたのです。その気持ちはとてもよくわかります。

しかし、**マッカーサーの夢見た憲法9条には、ふたつの重要な前提がありました。ひとつは「沖縄が外国であること」、もうひとつは「そこ（沖縄）に駐留する米軍が国連軍として機能すること」。**これなら日本自身は戦力をもたなくても、すぐに国外（＝沖縄）から国連軍（＝米軍）が助けにきてくれるので、9条の理想が成立するので

す。ところが、もちろん沖縄は日本に復帰する道を選びましたし、１９４７年にはアメリカ国務省が、１９５０年にはマッカーサー自身が「日本の戦力放棄」路線を否定しているのです（93頁）。

ただ、たしかにそこには尊い理想があった。だからこそ日本人はそれから70年以上ものあいだ、戦後ほんの数年だけ存在した「絶対平和主義国家」のイメージを追い求めてきたのでしょう。

けれどもその後、現実に起こったことは、米軍の駐留を認めた日米安保条約とセットでの国際社会への復帰でした。そして冷戦期には沖縄への１３００発もの核兵器の配備を見すごし、冷戦後はベトナム人やイラク人を始めとする罪のない人たちを空爆する米軍にタダで基地を提供し、軍事費まで払っている。もはや9条の素晴らしさを自画自讃するだけでは意味がないことは、だれの目にもあきらかなのです。

11

アメリカの対日政策

前項で、ぼくは日本国憲法をGHQが書いたことを、30年前まで知らなかったといいましたが、10年前、最初にこの米軍基地の本をつくったとき、それがどれほど周到な準備のもとに成立したものだったかを知りました。思えば100年前のペリーのときでさえ、ありとあらゆる文献を集めて分析してから日本にやってきてるわけですから、考えてみれば当然の話なのですが。

アメリカ陸軍のなかに軍事情報部というセクションがあるそうです。そのなかの「心理戦争課」が1942年6月、開戦からわずか半年後に作成した「ジャパン・プラン（日本計画）」という文書のなかに、なんと、

○日本を占領したあとは「天皇を平和のシンボル（象徴）として利用する」

という方針が書かれていたのです。[26]

さらに「軍部による政権が、天皇と皇室をふくむ日本全体を危険にさらしたと思わせること」や、「政府と民衆のあいだに分裂をつくりだすため、天皇と軍部を切り離すこと」などが、日本占領におけるプロパガンダの目標として設定されたこともわかっています。

つまり簡単にいうと、

「天皇は利用価値が高いので処罰（処刑）せずに使う」

「悪いのは軍部だけで、天皇や国民には罪はなかったことにする」

という方針でいく。そうすれば占領にかかるコストを最小限におさえることができるだろうというわけです。この方針は、マッカーサーはもちろん、米軍の対日心理戦スタッフのあいだで広く共有されていました。もちろんこの「ジャパン・プラン」がそのまま3年後の占領政策に引きつがれたわけではありませんが、GHQの日本国憲法草案は、こうしたさまざまなセクションで立案された「対日心理戦略」の蓄積の上に、1946年2月、執筆されたものなのです。

こうした事実を知ると、日本国内の憲法論議って、いったいなんなんだろうと思ってしまいます。「日本の天皇の本質は、もともと象徴としての役割にあり、軍事からは遠かった」などとよくいいますよね。それは正しいかもしれないし、歴史的事実なのかもしれない。ぼく自身、それでしっくりくるところがあります。**でもそのことを、歴史を調べて理論化し、憲法に書きこんだのはアメリカ人なのです。その裏側に「二度と日本がアメリカの脅威とならないことを確実にする」**（「降伏後におけるアメリカの初期対日方針」〔SWNCC150/4/A：1945年9月22日〕）という戦略があったことも事実なのです。

だからそろそろ、事実は事実と認めて議論しましょう。憲法9条にしても、それが人類の究極の夢であり、戦後長らく「権力者（日米両政府）をしばる鎖」として機能してきたことは認めます。日本人にまかせていたら、ロクな憲法ができなかったこともそのとおりでしょう。そうしたことも含めて全体を議論すればいいじゃないですか。絶対に変えろと言ってるわけじゃありません。まず現実を直視して、みんなで考えましょうと言ってるだけです。**ただ、どう考えても憲法9条を単独で議論することに意味はない。それは成立当初は「国連憲章＋沖縄の軍事基地化」と、1951年以降は「日米安保条約＋地位協定」と、もともとセットで存在しているものだから**です。

ペリーのところでふれたように、われわれ日本人は文化水準は高いけれど、頭を論理的・戦略的に使う分野は本当に苦手なのです。もちろんぼくもその典型的なひとりです。だからそのことを潔く認めて、一からやり直しましょう。いつまでたっても「平和憲法は日本の誇り。でも怖いから米軍は沖縄にいてほしい」なんて言ってたら、「安全保障についてはサル並み」という国際的評価が事実ということになってしまいます。

そうしたアメリカの対日政策のもうひとつの例が、有名なルース・ベネディクトの『菊と刀』[27]だそうです。これまで英語版が35万部、日本語版が100万部以上売れたこの本は、日本人からも好意的に受けとめられ、戦後のあらゆる「日本人論」のお手本となったとされています。

ぼくも著者ベネディクトが軍部からの依頼で日本研究を行なったこと、その成果をもとに戦後『菊と刀』を書いたことはぼんやりと知っていましたが、なんとなく日本人を理解するための基礎的な研究をしたのだろうと思っていました。ところが実際にはこれも、**アメリカ政府の諜報・プロパガンダ機関である「戦時情報局（OWI）」が行なった「対日心理戦争」の一部だった**というのです。このこともまったく知りませんでした。

オーストラリア大学のガバン・マコーマック教授によると、

「ベネディクトは、長期にわたって日本を米国に従属させるためには、日本文化の基底には言葉にできない、非アジア的な天皇中心の「文化パターン」がある、という考えを広めると効果があると結論づけた。日本が心理的にアジアと距離をおけば、決してアジア諸国と共同歩調をとれないだろうし、アメリカに依存しつづけるはずだと分析したのだ」ということです。[28]

さらには、日本をアジアから分断するための心理戦は、10年ほど前に死んだサミュエル・ハンチントンまでつづいているというのですから、あきれてしまいます。たしかにぼくも昔、『文明の衝突』（鈴木主税訳、集英社、1998年）を読んで、世界には8大文明があり、そのひとつが日本文明だと書いた左頁の地図を見て、うれしかった記憶があるんですが、本当は怒らないといけなかったんでしょうか。

西欧文明、中華文明、イスラム文明、ヒンドゥー文明、東方正教会文明、ラテンアメリカ文明、アフリカ文明……そして日本文明……。やっぱりおかしいですよね。いまネットで探したその地図を見てるんですが、正直、日本文明、異様にちっちゃいで

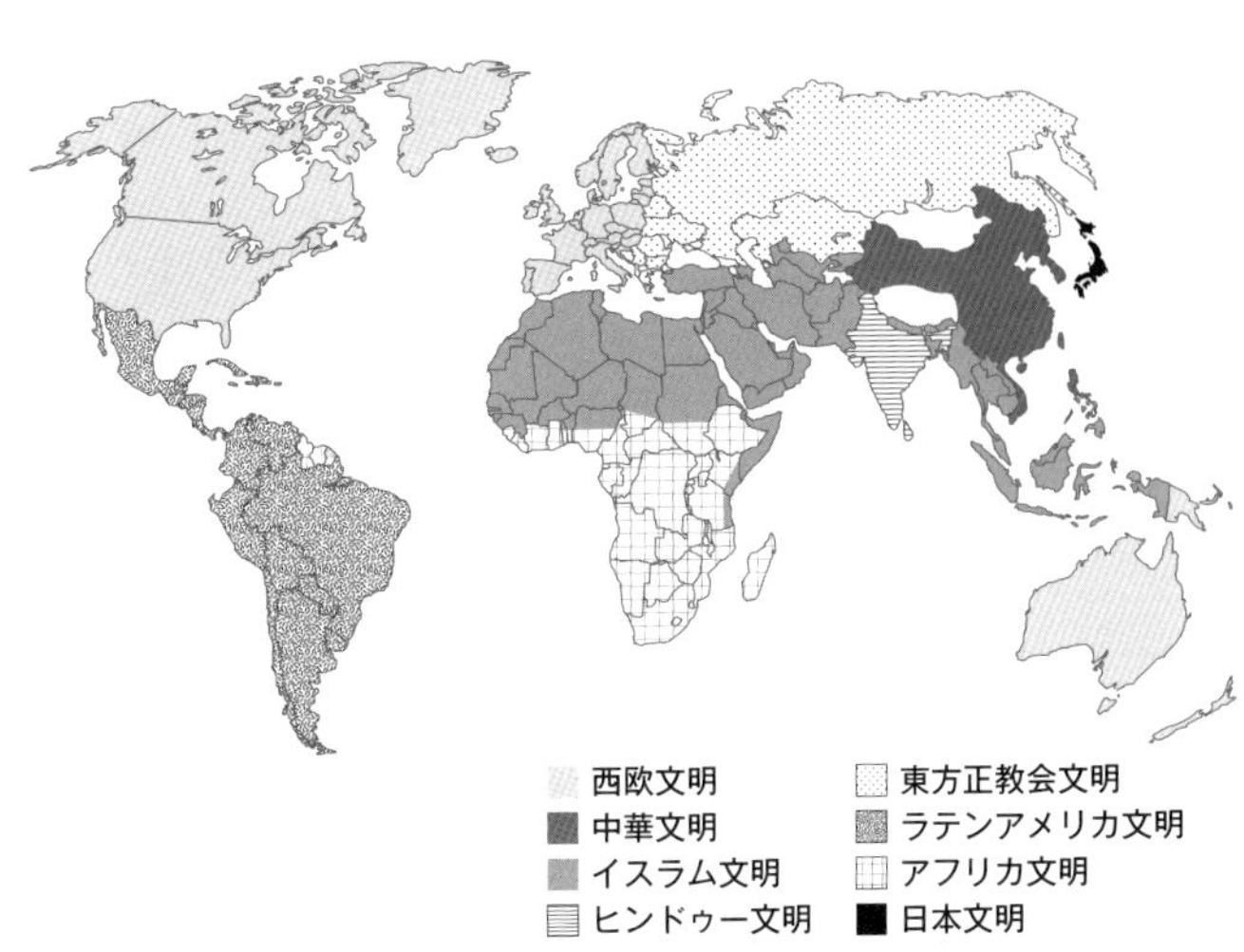

す。だいたい着物きて、茶碗とハシでコメ食べて漢字書いて、どこが独自の文明なんだ。しかも日本文明、地図で見ても、よその国に伝わってないじゃないか！　なにが孤立文明だ。いいかげんにしろ！　と、本当は怒らないといけなかったんでしょうね。

ハンチントンの経歴を見ると、ジョセフ・ナイと同じハーバード大学の政治学教授で、カーター政権ではブレジンスキーのもとで国家安全保障会議のメンバーにもなっています。つまりはバリバリの「国家戦略家」なわけですね。まったく知りませんでした。

こうして見てくると、**アメリカと日本では、「学問」や「学者」という概念が根本的にちがっている**ことがわかります。第2次大戦時、C

IAの前身である戦略情報局（OSS）には、ヨーロッパ史と外交史の権威である2人の教授を中心に「全米最高の学者たち」が、なんと900人も集められたそうです。[29]そしてペリーのときもそうだったように、**ありとあらゆる側面から徹底的に日本を分析した百科全書のような基礎資料を作成した。それがすべての行動計画と心理戦略のもとになったのです。**

もちろん平和なときには平和な研究をしているんでしょうが、いざとなると現実の世界で恐ろしいほどの力を発揮する。他国との戦争や異民族の支配のために、軍の大部隊に匹敵するような働きをする。それが建国前からつねに対外戦争を戦いつづけてきたアメリカという国の、学者であり学問であるようです。

だから『菊と刀』の前書きにある「1944年6月、わたしは日本研究を委託された。日本人とはどのようなものか、文化人類学者として駆使することのできる手法を総動員して説明せよ、とのことだった」というルース・ベネディクトの言葉が、まるで戦地におもむく兵士のようなスゴミをもっているのは当然なのです。

それにひきかえ……という言い方はあまりしたくないんですが、日本の憲法学者、ちょっとひどいです。今回資料を見直して気づいたんですが、1990年代前半、日本人ではなくＧＨＱが「密室の９日間」で憲法を書いたという話がはじめてＴＶ番組になったとき、出演した樋口陽一・当時東京大学教授（比較憲法学：最高権威）がまとめで言った言葉が、なんと、

「この密室の空気は澄んでいた」[30]

でした。

驚きますよね。ここになにか学問的分析や論理的思考があるでしょうか？

これは学問じゃなくて、もはや俳句でしょう。現在の憲法が明治憲法にくらべて、とくに人権面などで進んだものだったことはだれもが認めています。ＧＨＱ草案を書いた人たちが優秀で、基本的に善意の人たちだったこともよくわかりました。でもそれはあくまで事実の半分であって、残りの半分、アメリカがこの憲法草案にこめた戦略や、米軍内部での議論の積み重ね（文書として残っています）を学者が分析しないでどうするんですか？

そもそも１９５１年以降、日本国憲法と日米安保条約はセットで存在している。この沖縄なら一般の人でも体感的に知っている現実を、本土の「最高権威」はわかっていない。戦略的に知らないふりをしているのではなく、おそらく本当にわかっていないのです。

12 ＣＩＡと戦後日本

日本国憲法の成立について知った2年後、１９９４年10月10日に、同じくらいびっくりするような記事が朝日新聞にのりました。前日付のニューヨーク・タイムズが、**「ＣＩＡが１９５０年代から60年代にかけて、自民党に数百万ドル援助」**という内容の記事を報じたというのです。

この記事を書いたティム・ワイナー氏は、その後10人の元長官を含むＣＩＡ職員、元職員に300回以上のインタビューを行ない、２００８年に『ＣＩＡ秘録』（文藝春秋）を出版しています（キャッチコピーは「すべて直接取材と一次資料にもとづく、初めてのＣＩＡの歴史」）。

そのワイナー氏の目から見ると、そもそも自民党というのは「岸がＣＩＡに金を出してもらってつくった政党」なのだそうです。

「岸はアメリカに自分を売りこんで、こう言った。「もし私を支援（サポート）してくれたら、この政党（自民党）をつくり、アメリカの外交政策を支援します。経済的に支援してもらえれば、政治的に支援しますし、安保条約にも合意します」」（ティム・ワイナーの証言[31]）

「ＣＩＡは１９４８年以降、外国の政治家を金で買収し続けていた。しかし世界の有力国で、将来の指導者をＣＩＡが選んだ最初の国は日本だった[32]」

「岸は日本の外交政策をアメリカの望むものに変えていくことを約束した。アメリカは日本に軍事基地を維持し、日本にとっては微妙な問題である核兵器も日本国内に配備したいと考えていた。岸が見返りに求めたのは、アメリカからの政治的支援だった。

フォスター・ダレス国務長官は１９５５年８月〔同年11月の保守合同の直前〕に岸と会い、面と向かって「もし日本の保守派が一致して共産主義者とのアメリカの戦いを助けるならば」支援を期待してもよろしい、と言った。そのアメリカの支援が何であるか〔＝資金供与〕は、誰もが理解していた」（同前）

ちょっと信じたくないような話ですが、おそらく事実です。アメリカ国務省も２００６年に、日本に左翼政権が誕生することを懸念したアメリカ政府が１９５８年から

68年にかけて自民党の政治家たちに金を渡していたことを含む4件の秘密計画が行なわれたことを認めているからです。[33]ただその詳細についてはなぜか3件の計画しかあきらかにされていないのですが、ティム・ワイナー氏の綿密な取材によれば、影響が大きすぎるので公表されなかった残りのひとつは、まちがいなく岸にCIAが巨額の資金援助をしていたことだそうです。

事実、アリゾナ大学のマイケル・シャラー教授は『週刊文春』（2007年10月4日号）の取材に答えて、国務省の委員会にいたとき、「CIAから岸への資金提供を示す文書をこの目で見ています」と証言しています。1回20～30万ドル（7200万円～1億800万円）くらいの金額が何度も支出されていたというのです。これは現在の貨幣価値でいうと1回10億円くらいのようですから、当初報道された**「自民党への総額数百万ドルの援助」とは、現在の価値では100億円から300億円くらいということになる**のでしょう。

一方、このころ共産党と社会党がソ連から資金提供を受けていたこともほぼあきらかになっているわけですから、[34]安保条約をめぐって東西が必死の工作を行なっていた1950年代末から60年代にかけては、日本のほとんどすべての政党が外国から秘密資金の提供を受けていたということになります。

ティム・ワイナー他の取材によれば、**ＣＩＡから自民党への資金供与は少なくとも4人の大統領のもとで15年間つづいたということですので、岸政権以降も、池田政権、佐藤政権とつづいた**わけです。そしてその間、すべての政権で主要なポストにつき、長く自民党幹事長もつとめて党の運営資金のやりくりに深く関わった田中角栄元首相は、自前の土地転がしなどで政治資金を調達するようになります。１９７０年代にジャーナリストの立花隆氏が解明した田中元首相の権力を利用した錬金術（たとえば河川敷を買い占めたあと、税金で堤防を築き、道路をひいて巨額の利益を得る）は、おそらく岸・佐藤兄弟がＣＩＡの金で行なった金権政治（政治家・官僚・選挙民の買収）を、「別のやり方」で受けついだものだったのでしょう。[35]

このように「アメリカの最良の友（Best Friend）」となるべく育てられた岸ですが、ダレスからはやはり恫喝されています。１９５７年6月、首相就任から約4カ月で訪米した岸に対し、ダレスはこんな言い方をしているのです。

「もし日本の望みが関係〔＝日米安保〕の解消（divorce）にあるのなら、アメリカとしてはその意志に沿うようにしたいと思います」

「われわれは東アジアにおいて別の協定を結ぶこともできます。たとえば、オーストラリアはわれわれに産業を発展させてほしいと申し出てきました。日本の代わりにオーストラリアを工業基地にするという考え方もあります」

このとき岸は「日本の未来は、アメリカとの緊密な協力の中にのみ存在すると考えています」と答えて、アメリカ側をいたく満足させたといいます。これがのちの安保の改定と、3億ドルの借款につながりました。

なるほど。これが覇権国への模範解答というわけですか。こうしてみるとダレスの言葉も恫喝ではなく、聖書に手を置いて誓わせるような、一種の契約の儀式と考えたほうがいいのかもしれませんね。

ところでこの問題にくわしい早稲田大学の有馬哲夫教授によると、金をもらっていたからといって、岸元首相をCIAのエージェントや協力者と決めつけるのは、単純すぎる見方だとのことです。岸くらいのプレイヤーになると、反共も再軍備も憲法改正も、すべてみずからの政治的信念であって、その実現のために主体的にCIAや米国務省を利用したと見ることもできるからだというのです。

たしかに岸が実現した保守合同（55年体制）と新安保条約、いくつかの社会主義的政策が、そのあと日本に訪れる高度成長の時代に確固とした基盤をあたえたことはたしかでしょう。

ただ62頁でふれた片岡鉄哉氏の分析だと、こうなります。**岸がＣＩＡから資金提供を受けてつくった自民党の本質的機能とは、「安保体制を守り、運営する」ことだった。**そして自民党の右派とリベラル派（保守本流）が安保を守り、自民党のリベラル派と社会党が憲法を守るという安定した三極構造[36]のなかで、日米安保さえ守っていれば国内でいくら痴呆的な政治闘争に明け暮れていても政権は安泰だった。だから日本は**「外交、防衛のすべてをアメリカに頼る保護国」（愚者の楽園）となっていった**のだと。

経済的繁栄とひきかえに、外交、防衛、そして政権選択といった国家主権を手離したことのツケを、これからわれわれは払わねばならないのでしょう。

13 日本テレビとＣＩＡ

ＣＩＡが岸元首相に金を渡して「自民党を作った」という話も衝撃的でしたが、ちょうど同じころ、**日本テレビがＣＩＡから金をもらって誕生した**という話を聞いたときも驚きました。

あの有名な正力松太郎氏、読売ジャイアンツの創設者にして読売新聞社主、日本テレビ初代社長が、ＣＩＡから「ＰＯＤＡＭ」というコードネーム（暗号名）までもらっていたというのです。なんかスパイ小説みたいですよね。有名な街頭テレビなどの「独創的アイデア」も、もともとアメリカ側の構想にあったものだそうです。

そして**「日本へのテレビの導入と、日本テレビの創設」そのものが、共産主義に対抗するためのアメリカの心理戦（情報戦）の一環として行なわれたこともあきらかになりました。**こうした事実をアメリカ国立公文書館の資料から発掘したのは、早稲田大学の有馬哲夫教授です。[37]

もちろん岸元首相と同じく、資金提供を受けていたから正力氏がＣＩＡのエージェントだったのかというと、そんな単純な話ではないようです。岸元首相と安保条約になると、話が大きすぎて、資料も多すぎてわけがわからなくなってしまいますが、正力松太郎氏と日本テレビの物語は、有能な日本人が戦後の日本社会でどのようにして成功を収めていったのか、ある種の典型を教えてくれます。

戦後の日本社会とは基本的に、アメリカに近いポジション、アメリカの世界戦略に合致した方向性をもつ人間が大きな成功を収める社会でした。その意味で正力氏の物語は、その後、無数にくりかえされるジャパニーズ・ドリームの典型となっているのです。

それを簡単にまとめると、こうなります。

「健全な野心（事業欲・出世欲・金銭欲）」→「アメリカ側の大きなスキームとの偶然の一致」→「アメリカ側からの選抜と利益供与の申し出」→「拒否」→「実質的な利益供与の申し出」→「受諾」→「アメリカ側スキームへの吸収」→「大成功」

問題の利益供与については、有馬教授によると次のとおりです。

当初アメリカ側は、事業に必要なテレビ・通信機器は最新のものを「プレゼント」するといってきた。しかし、正力は「健気(けなげ)にも」それを断った。言論は中立でなければならないという信念からだった。その代わりに正力は、代金をローンかクレジットで支払うことを提案した。アメリカ側は了承し、しかもそれを無理なく返せる方法まで提案してくれた。つまり**発足当初、もちろんまだガラ空きのはずの日本テレビの時間枠を、自分たちがアメリカ企業に売ってあげるから、その代金で返せばいい……**。

つまりは結局のところ、タダでもらったわけです。一見正常な取引のような形をした実質的贈与。**しかもアメリカ側からの支払いは、当時手に入りにくかったドルで行なわれた**というのですから、これならだれが経営しても成功まちがいありません。格好もつくし、経営者としては一番ありがたい方法ですよね。

日本テレビが開局した1953年は、日本の占領が終了した翌年でしたが、この年の1月30日、アメリカ政府内に置かれた心理戦局（大統領直属の機関で、諸外国に対する心理戦のための戦略を立案・調整するセクション。CIA長官、国務次官、国防次官などがおもなメンバー）が「対日心理戦略計画」という文書をまとめています（心理戦、とことん好きですよねぇ）。

戦略上きわめて重要な日本が、アメリカの直接支配から離れたことをうけ、今後どのような形で心理的・政治的支配を継続すればよいか。その結論のひとつとして、今後はこれまでのような直接的方法ではなく、〔独立国になったことを忘れずに〕間接的方法をとるようにという注意がなされています。

スペースがないのでこれ以上説明できませんが、その後の日本に対するメディア・コントロール（対日心理戦）のなかで、アメリカ製の娯楽番組を数多く放送する日本テレビは、そのエース的存在となっていったそうです。そして有馬教授によれば、「アメリカは占領を終結させながらも、アメリカ軍を駐留させることで、日本を軍事的に再占領した。そして、日本テレビを含めたあらゆるメディアをコントロールして心理戦を遂行する体制を築くことによって、日本を心理的に再占領した」

ということなのだそうです。

14

戦後体制の守護神・司馬遼太郎

戦後文壇、最大のアイドル司馬遼太郎さん。もう亡くなって20年以上たちますが、いまでも50代以上の男たちには圧倒的な影響力をもっています。人格・識見・文章力、どれをとっても非の打ちどころがない。もちろんぼくも、ほとんど全作品を読んでいました。

でもそんなスーパースターの司馬さんも、沖縄から見るとまったく風景がちがって見えてきます。そもそもライフワークである「街道をゆく」の第6巻『沖縄・先島への道』を読んでみても、米軍基地に関する記述は1行もない。見事にゼロです。本島の58号線沿いに延々とつづく基地のフェンスが、まるで目に入らなかったのでしょうか。この紀行文が書かれたのが復帰2年後の1974年、本土から沖縄への「基地集中」が完了した時期だということを考えると、その異様さはきわだっています。

自身、戦車隊の兵士として中国大陸に送られ、栃木県の佐野で終戦をむかえた司馬さんにとって、戦後の民主主義社会は「まことにけっこうなもの」、逆に戦前の軍部に支配された時期は、日本の歴史の伝統から大きく逸脱した最低最悪の時代でした（有名な「鬼胎（きたい）」または「異胎（いたい）」という言葉で、司馬さんはこの時代を表現しています）。

「私は戦後日本が好きである。ひょっとすると、これを守らねばならぬというなら死んでも（というとイデオロギーめくが）いいと思っているほど好きである」（『毎日新聞』1970年1月1日）

そうした司馬さんこそは、昭和天皇や吉田茂首相が構築した戦後日本（戦後国体）を、民間側から全力で支えた最大の守護神だったといえるでしょう。

「敗戦になりまして、アメリカ軍が来たときにさほど日本人がショックを受けなかったのは、より軽度の占領が始まっただけだ、そんな感じが、当時にはあったと思います」（1983年5月9日：講演）

つまりなぜ、外国軍が無期限で駐留しているような現在の状況が正当化されるのか。それは**戦前の日本は、「国民が自国の軍部によって占領されていた」最低最悪の時代だったからだ。それにくらべると戦後の米軍による占領は、そこまで悪くない「より軽度の占領」だった**ということになります。司馬さん自身がどれだけ自覚していたかはわかりませんが、**これはまさにルース・ベネディクトのところで見た「対日心理戦争」の基本コンセプトそのもの**なのです（133頁）。悪いのはみんな軍部、天皇や国民はまったく悪くない。占領が終わったのに「いつまでも基地を置いてる米軍」も悪くない。この方針で、憲法も平和条約も60年安保も乗り切ってきたわけです。

　おそらくこの問題については、司馬さんはすべてわかったうえで、ひそかに国家指導者であろうとしていたのでしょう。ふだんの論調とは違って公平さを捨て、かなり強引に世論を誘導しようという意思が伝わってきます。

　ふりかえってみると、冷静でイデオロギー嫌いの司馬さんが、主観を前面に出した感情的な文章を書いたことが、少なくとも3度ありました。三島由紀夫が自衛隊市ヶ谷駐屯地に乱入して割腹自殺したとき、昭和天皇が崩御したとき、それと日本に反米・侮米の風潮が起こっているのではないかと論じた江藤淳氏との対談のときです。少し長くなりますが、それぞれ引用してみます。

　まず三島事件から。1970年11月25日、自衛隊市ヶ谷駐屯地で起きた三島由紀夫割腹自殺事件に対して、翌日すぐに毎日新聞で論陣をはり、それが「政治的な死」ではまったくなく、「有島武郎、芥川龍之介、太宰治と同じ系列の、本質は同じながらただ異常性がもっとも高いというだけの」文学論的な死であると決めつけています。

ふだんは誰のどんな行動に対しても、公平な視点を失わない司馬さんの、ここまで断定的な「政治的意味はかけらもない」という発言は、逆に三島の問題提起がある種の本質（もうひとつのありうべき「戦後日本」のかたち）にふれていたからでしょう。めずらしく、大慌てで火消しに走りまわるという感じの、まず結論ありきの不自然な文章になっています。

次に昭和天皇の崩御に際して、やはり翌日の1989年1月8日（『産経新聞』）に、「空に徹しぬいた偉大さ」と題してすぐ寄稿しています。内容は、明治憲法では国務の責任は大臣において最終であり、天皇にはおよばない。昭和天皇はそうした憲法上の立場を生涯つらぬかれ、生身の政治行為者になるという「違憲」を決して犯されなかった。**ただ一度だけ、禁を破って違憲行為を行なわれたのが、終戦のご決断だった……**。

「だからもちろん戦争責任はまったくなかった」というのがこの文章の趣旨なのですが、戦前の昭和天皇が、絶対的君主とはいえないまでも、頭脳明晰な政治指導者として何度も「政治的行為」を行なっていたことは多くの資料によってあきらかになっています。しかもそれが戦後の占領期までつづいていたことを思うと、これほど客観性のない司馬さんの文章もめずらしいといえるでしょう。

　しかし司馬さんの愛する「戦後日本」は、天皇の政治責任を完全に否定した上に成りたっている。戦後、昭和天皇が復興のためにいかに努力したかも痛いほどわかっている。三島事件から約20年。ここでもう一度、はっきりと「この国のかたち」を定義しておこうという強い政治的意図が感じられます（このときアメリカのＴＶでは、もうひとりの守護神であるライシャワー元駐日大使が、天皇の戦争責任論に対し猛烈に反論していたそうです）。

　でもどうしてそこまで必死になって「戦後国体」を擁護しようとしたのか。今回、資料を読み直していて、ああそうなのかと思った記事がありました。それが先にふれた３つ目にあたる江藤淳氏との対談です（『月刊現代』１９７２年12月号）。このなかで司馬さんは「中国とは絶対に仲良くしなければいかんのです」とのべたあと、でもアメリカをみくびることがどんなに恐ろしいかを語っています。

「アメリカの問題を考えるうえで、もし侮米という気持ちがおこるとしたら、アメリカと戦争できるかどうかを、まず考えてみなければいけません。これは男子の論理です。男子たるもの、相手をばかにしようとするなら、まず計算して、戦って勝つという成算を得たときにばかにすればいい。ばかにしたければ、ですよ。それにひきかえ、戦争しても負けるくせに侮るというのは、女ですよ。日本人の外交感覚というのは、多分に女性的です。与党も野党も女です」〔女性読者のみなさま、ごめんなさい〕
「〔拝中侮米を〕本気でやるとするなら、男性論で計算しなおして、こういう架空論が成り立ちます。つまり、アメリカと戦争をする覚悟をもつ。そうしたら原子爆弾がくる。そのときには、日本人1億人がすべて〔中国〕大陸に移動する。あそこは世界一原爆に強い国です。あの広いところに8億人が9億人になって広がっても、どうってことはないし、原爆にも耐えうる。だから日本列島を空き家にして、中国に1億人移動することにする。原爆でもなんでも落としてもらいましょう。そのために逃げる用意の汽船を何十万隻そろえる。東シナ海を渡るための石油も保有しておきます」
「ヨーロッパを歩いてみて、彼らは幸福だなと思いました。〔略〕いきなりパリをソ連に占領されることもなければ、いきなりパリをアメリカに原爆攻撃されることもない。〔略〕しかし日本だけは、つねにそういう万一の危険を感じながら、ほとんど衣類もつけず、まるはだかで極東の孤島にいなければならない。三つの世界史上の大きな勢力が、ここで滝のように落ちこんでいる。その滝壺の底にいつもわれわれはいて、滝に打たれているわけです」

　現在のように「まあ実際に核が日本に使用されることはないでしょう」というような、あいまいな楽観論が許される時代ではありませんでした。わずか27年前に本当に原爆を落とされたことの恐怖は、これほど大きかったのです。

　ある時代のリアルな感情というのは、信頼できる人の体験談からしか理解する方法がありません。あの腹のすわった司馬さんが、これほどの恐怖を感じていた。そして昭和天皇も、吉田首相も、岸首相も、みなこうした恐怖に耐えながらアメリカと交渉していたことは、戦後の対米関係を考えるうえで何度も反芻しておく必要があるでしょう（もちろん日本人のもつ憲法9条への強い想いについても、同じことが言えます）。

　冷徹に国家戦略を考えれば、原爆をもつアメリカに逆らうことは絶対にできない。だから沖縄の基地と天皇の戦争責任については口を閉ざすしかない。かつてのファンとしては、

「何度か那覇にきたが、この町で、平静な気持ちで夜をすごせたことがない」

　という『沖縄・先島への道』のなかの一節に、そうした司馬さんの悲痛な思いがこめられているような気がします。

15

60年安保とは、なんだったのか

10年前、この沖縄の基地の本をつくるまで、60年安保というのは正直よくわからない出来事でした。「安保反対」で日本中が大騒ぎになった映像が、TVではいつもくりかえし流れています。でも本を読むと、それ以前の安保条約があまりに不平等だったのを、岸首相が少し「改善した」ことになっている。また、反政府活動をした全学連の指導者たちは、その後、けっこう体制内でえらくなっている……？？？？？

なんかよくわからんなーという感じだったのですが、沖縄に来て基地の実態を知ると、当時の日本人は、合理的ではなかったが、本質は見ぬいてたんだなと思います。

簡単にいえば、とにかく岸が首相になったことに、「裏の事情」を感じていたんでしょう。岸信介とはなにか。開戦時の閣僚として、無数の国民を強制的に死に追いやったA級戦犯容疑者（逮捕されたが不起訴）にもかかわらず、なぜか責任を問われず、戦犯刑務所（巣鴨プリズン）から出所後、わずか8年で最高権力の座についた男。この男のやることには、表面はよくても、ぜったいよからぬ裏があるにちがいない。そうした現在の沖縄人がもっているような「物事の本質を見る眼」を、日本人全体がもっていたんだと思います。

前にＣＩＡのところで、岸元首相をエージェントとか協力者と単純にはいえないという有馬教授の説を紹介しましたが、もっと大きなスケールで見れば、確実に「従米」の洗脳がなされていたはずです。というのはよく知られているとおり、Ａ級戦犯容疑で逮捕された容疑者のうち、１９４８年12月23日に処刑されたのは東条英機ら７人だけで、その翌日の12月24日には、岸や笹川良一や児玉誉士夫など、その後、従米路線を歩むことになる多くのＡ級戦犯容疑者が釈放されたという事実があるからです。

庶民としては、独立とか憲法とかはどうでもいい。属国だろうとなんだろうと、戦前のように指導者にだまされて再び戦場に送られたり、爆撃されることだけは絶対に避けたいという強い思いがあった。だから岸が退陣すると、運動もあっというまにおさまっていったのでしょう。しかし**このとき反自民党陣営のなかに、ひとりでいいから左翼用語ではない自分の言葉で、なぜ安保がダメなのか、米軍がいなくなったあと**

国防はどうすればいいのかを、論理的に国民に説明できる政治家がいたら、歴史は大きく変わっていたはずです。

　では60年後の現在からふりかえると、1960年に結ばれた日米新安保条約の本質とはなんだったのか。密約のところでふれた村田元外務事務次官は、それは「**実質は9割がた、「米国の日本基地使用協定」だった**」とのべています。これはいったいどういう意味なのでしょう。

　近年、尖閣の問題をめぐって米軍が日本を守るのか守らないのかといった議論がむしかえされていますが、実態は「守ってくれる」ことはないということです。守るのは日本自身。米軍がしてくれるのは、「核の傘（拡大抑止力）」の提供と、「日本による自国の防衛に必要な支援」の提供だそうです。

　1970年1月26日、米上院外交委員会の秘密会で、当時のジョンソン国務次官はこんな本音をのべています。[38]

「日本防衛のための第一義的な責任、直接的な日本の通常型防衛の責任は日本にあります。**われわれは直接、日本の通常型防衛に関するいかなる地上・航空戦力ももっていません。それは完全に日本の責任なのです**」

こうはっきり言われると、やっぱり驚きますよね。ぼくらが昔から聞いている話とはぜんぜんちがう。なぜこんなことが起こるのでしょうか？　「沖縄の知恵」的発想でいくと、一度もとの条約にもどり、そこから実は本質は変わっていないと考えると、事態がよく見えてきます。新安保条約ではなく、１９５２年に発効した旧安保条約は、当事者である吉田首相が明言していたとおり、米軍の「駐兵条約」でした。ダレスも『フォーリン・アフェアーズ』誌（１９５２年1月号）のなかで、「**アメリカは（略）日本の安全と独立を保障するいかなる条約上の義務も負っていない**」と明言しています。

というのも実はアメリカは、もともと日本と相互防衛条約を結ぶことができないからなのです。**アメリカは１９４８年に上院が採択したヴァンデンバーグ決議によって、「自助および相互援助の力」をもつ国でなければ、相互防衛条約を結ぶことはできないと決めている**からです。だからダレスはなんとか日本を西ドイツなみに再軍備させ、相互防衛条約を結ぼうとしたのですが、経済発展を優先し、朝鮮戦争にもまきこまれたくなかった吉田首相は、憲法を盾にとって本格的な再軍備を拒否しました。

このことと先の村田氏の「〔新安保条約の〕実質は9割がた、「米国の日本基地使用協定」だった」ということを合わせると、問題の本質が見えてきます。ヴァンデンバーグ決議は日本だけでなく、アメリカが結ぶすべての相互防衛条約（安全保障条約）に適用されるわけですから、いくらお気に入りの岸首相が頼んできたからといって、原則が変更されるわけはありません。ですから**新安保条約は一見、相互防衛条約のような形をとっていますが、それはほとんど（9割がた）見せかけにすぎないのです。**

もしこれが本当の相互防衛条約だとしたら、「アメリカが日本を守る」かわりに、「日本は自国内のアメリカの基地を守る」という非常にばかげた条約になってしまいます。逆に「基地を無料で提供する」かわりに「日本を守ってもらう」のであれば、米軍兵士が金銭上の利益のために命を危険にさらす「傭兵」（番犬）ということになってしまいますので、これもありえる話ではないのです。

だからもともと相互防衛条約ではない。それは日本が「自助および相互援助の力」をもたないうちは絶対に結べない。ただ日本がこれまでのようにアメリカに対して戦略上重要な基地を提供しつづけてくれるなら、かわりにアメリカからもさまざまな恩恵をあたえる用意はある。たとえばアメリカ市場の開放、技術供与、保護主義の容認、そして「核の傘」などです（旧安保条約のときの最大の恩恵は、寛大な平和条約でした）。

この「核の傘」という概念も、どこかの国が日本に核を撃ちこんだらアメリカがその国に核攻撃を加えてくれるわけではなく、ジョセフ・ナイ氏が著書[39]でのべていると おり、**世界最強の核兵器をもつ米軍の兵士が数万人規模で駐留していることで、結果 として日本への先制核攻撃が抑止されるという意味だそうです。つまり米軍がみずか らの世界戦略にもとづいて駐留していること自体が抑止なのであって、日本の防衛そ のものに関しては基本的に日本の責任である。**それが1960年に結ばれた新安保条 約の本質なのです。

条文でも（日米安保条約第5条　左頁上）、どちらか一方に対して武力攻撃が行なわ れた場合は、「自国の憲法上の規定及び手続にしたがって」共通の危機に対処すると 書かれています。しかしアメリカの憲法では開戦の決定は、基本的には大統領ではな く議会が行なうことになっているので、相互防衛条約も結べないような外国人（日本 人）を守るために、アメリカ議会がアメリカ人兵士を死地に送るような決議をするは ずがないのです。

さらに改定の目玉とされ（条文には書かれませんでしたが）、日米の対等性を示すた めに導入された「事前協議制度」（米軍の日本国内でのいくつかの重要な軍事行動につい ては、事前に協議するとした取り決め）についても、「条約締結後、一度も行なわれた

日米安保条約

第5条　各締約国は、日本国の施政の下にある領域における、いずれか一方に対する武力攻撃が、自国の平和及び安全を危うくするものであることを認め、**自国の憲法上の規定及び手続に従つて**共通の危機に対処するように行動することを宣言する。（略）

第6条　日本国の安全に寄与し、並びに極東における国際の平和及び安全の維持に寄与するため、アメリカ合衆国は、その陸軍、空軍及び海軍が日本国において施設及び区域を使用することを許される。（略）

日満議定書（現代語訳）

（略）日本政府と満洲国政府は、日満両国の「良い隣人」としての関係をより強め、お互いにその領土権を尊重し、東洋の平和を確保しようと、次のように協定する。

1．（略）
2．日本国と満洲国の一方の領土や治安に対する脅威は、同時にもう一方の平穏に対する脅威であるという事実を認識し、両国は共同で国家の防衛に当たるべきである事を約束する。**このため、所要の〔=必要な〕日本国軍は満洲国内に駐屯することとする。**
（補足条項）「**満洲国の国防は関東軍に委託し、その経費は満洲国が負担する**」「**関東軍が必要とする各種の施設について、極力援助を行う**」「日本人を参与として登用する他、中央・地方の官僚にも日本人を登用するが、その人選は関東軍司令官の推薦とし、解職には関東軍司令官の同意が必要とする」他

ことはない。ということは、いかに実質のない譲歩を米側が〔日本側のために形だけ〕行なったかということ」だと村田元次官はのべています。

ところで岸元首相といえば、満洲経営で辣腕をふるったことで有名ですが、日米安保条約は日本を「満洲国的存在」（矢内原忠雄・元東大総長）とするものだという批判は、旧安保時代からよく出ていたそうです。つまり満洲国が日本にとっての傀儡国家だったように、日本はアメリカの傀儡国家だというのです。いくらなんでもそれは言いすぎだろうと思っていたのですが、今回、大日本帝国と満洲国のあいだに交わされた協定（日満議定書・前頁下）を読んでみると、たしかに構造はよく似ているような気がします。「基地使用協定（駐兵条約）」とは、つまりは属国条約であることがこれを見るとよくわかります。

16 沖縄返還とは、なんだったのか

　1972年に実現した沖縄返還の直後、アメリカ国務省はそのすべての交渉過程を分析、検証し、報告書（「沖縄返還：省庁間のケーススタディ」）にまとめています。その結果、**沖縄返還交渉は「アメリカ外交史上、まれにみる成功例」だと位置づけられているの**です。

　逆にいうとそれは、日本外交にとっては「まれにみる敗北」だったということになりますよね。なぜそうなってしまったのか、少しくわしく見てみましょう。

　国防省のアメリカ側担当者だったモートン・ハルペリン次官補代理はNHKのインタビューで、沖縄返還交渉におけるアメリカの外交的勝利は「**沖縄だけでなく、日本全体の基地をより大規模に、自由に使えるようになった**こと」だと語っています。国務省顧問として交渉にかかわったチャールズ・シュミッツも、「**結局、なにも手放さ**

なかった」とのべています。

くわしくはあとでふれますが、沖縄返還の当日に交わされた覚書（「5・15メモ」）によって、沖縄の基地のほとんどが「返還前と同じ」条件で使えることが合意されていました。つまり占領時とまったく同じ、どんな使い方をしてもOKというわけです。

それから**日米地位協定・第2条4bの「一時利用」という概念を拡大解釈することで、自衛隊基地を恒常的に利用し、基地の運営経費を下げることにも成功しています。**

これは1968年12月にアメリカ政府が日本政府に申し入れていた、51カ所の基地の整理統合を沖縄返還と同時に実施する「関東計画」とよばれる計画が実現したものでした。日本との共同基地化（joint basing）を進めることで、財政負担を軽減する計画だったのです。

さらに大きかったのは、沖縄返還にともなう資産買いとりなど、アメリカ側への支払いが約7億ドルという巨額にのぼったことに加え、基地移転費用のうち、6500万ドルがアメリカの要求で、沖縄だけでなく「日本全土の米軍基地の維持・改善費5年分」に充当されることになったことでした。これは基地の維持費はすべてアメリカ側が負担するとした地位協定に違反した措置でしたが、当時の愛知揆一（きいち）外相はそれを黙認しました。

その結果、**返還から5年で計画どおり6500万ドルを使ったあと、1978年からは新たな維持・改善費が「思いやり予算」という名目で計上されるようになり、米軍基地の運営費を日本が永遠に支払いつづけるという構造が生まれてしまったのです。**[40]

こうして権利はなにひとつ手放さなかったにもかかわらず、アメリカは経済的負担をすべて日本に押しつけることに成功しました。さらに沖縄返還の最大の目的だった、1970年に期限の切れる**「安保条約延長のための切り札」としての役割**は、1969年中に返還が合意されたことで、無事、達成されます。

しかも思わくどおり、「北方領土を返さないソ連」にくらべて、**アメリカへの好感度は飛躍的にアップし、その後50年間、日本人の親米路線は揺るがなかった。さらには沖縄から核を抜くことで中国への融和姿勢をアピールし、その後の中ソ分断政策へとつなげたのですから、まさにパーフェクト・ゲームだった**というわけです。

〔資料〕

沖縄返還交渉が進行中の1969年4月、アメリカの国家安全保障会議では日米関係を再構築する観点から、次のようなふたつの選択肢が議論されていました。

①「日本からの米軍の撤退と、非同盟・中立へ向かう日本」

メリットは、日本が民族的で独自な外交が展開できること。アメリカは日本防衛のための経済上・安全保障上の負担を負う必要がなくなること。デメリットは、日本が短期間でアジアの大国となり、核武装した場合、ほかのアジアの非共産諸国に脅威となること。結論は、日本が十分な防衛力をもつまで現在の安保条約を維持し、それによって共産国家からの侵略への抑止とする。

②「全面的な集団安保体制（日米が対等な権利と義務をもつ同盟）」

メリットは、日本がより大きな国際的役割を引き受け、これまでの不平等な関係で味わってきたストレスから解放されること。アメリカは東アジアでの財政的・軍事的負担を軽減し、同時に共産勢力への対抗力を強化できること。問題点は、日本人が集団安全保障を受け入れる準備ができていないこと、日本に圧力をかけても日米関係に摩擦と緊張を起こすだけであること、周辺のアジア諸国からの強い反発が予想されること。

結論は、どちらの選択肢よりも現在のパートナーシップを強化した方が、日米双方だけでなく、アジア全体としても将来性があるので、このまま継続する。

（我部政明『沖縄返還とは何だったのか』ＮＨＫブックスより抜粋）

非常にまっとうな議論ですよね。このころアメリカと真正面からまともな話し合いができていれば、どんなによかったかと思わずにいられません。やはりその後、思いやり予算などによってタダで駐留できるようになったことと、ソ連が崩壊してアメリカが唯一の超大国になったことが決定的だったのでしょう。

ただアメリカ側はこのように、つねにあらゆる状況を想定して利害得失を検討しています。なのに日本の「専門家」たちは平気で、「普天間はともかく、アメリカは嘉手納は絶対に返しませんよ」などとうれしそうにいう。いったいどちらの国の人間なのでしょうか。

17 細川首相はなぜやめたのか

鳩山首相がやめた大きな原因のひとつが、北朝鮮の核だったのではないかと76頁で書きましたが、これはけっしてあてずっぽうで言ったわけではありません。実はもう一人の非自民党政府の首相だった細川護熙（ほそかわもりひろ）氏の辞任した理由が「北朝鮮の核」だったことが、非常に有名な関係者の証言によってあきらかになっているのです。その証言者とは、小池百合子・現東京都知事（元防衛大臣）です。

「94年2月12日夜、日米包括協議のためにワシントンを訪問中の細川護熙総理から、私の東京での居所（きょしょ）である高輪の衆議院議員宿舎に電話が入った。受話器からは、意外な名前が飛び出した。「武村さんは問題だっていうんです」。武村さんとは、言うまでもなく、細川連立政権のパートナーであり、新党さきがけの代表であった武村正義官房長官のことである。（略）ワシントン滞在中の細川総理は、**アメリカの政府高官か**

ら北朝鮮情勢が緊迫していることと、朝鮮半島有事の際の日本の安全保障上の問題点を指摘された。米側から核兵器の開発現場を含む衛星写真の提示もあったと聞く」（『正論』２００２年７月号）。

なぜ北朝鮮情勢の緊迫と、武村官房長官が関係あるかというと、アメリカは武村氏が北朝鮮と特別なコネクションをもっているとみており、そこから情報がもれるのを危惧していたというのです。

「官房長官の更迭という重要閣僚の人事にからむ話だけに、**一国の総理へのアメリカ側の伝え方は慎重だったろう**が、内政干渉以外のなにものでもない」（同前）

前に鳩山一郎首相やムシャラフ大統領のところで見たように、アメリカといえど、他国のトップを直接脅すことは極秘のうちに行ないます。ですからこの場合の「アメリカの政府高官」というのがだれなのか、小池氏にもわからなかったようです（ハーバード大学教授で当時ＣＩＡ系の東アジア担当情報官だったエズラ・ヴォーゲル氏の可能性もあることが、元外務省国際情報局長の孫崎享（うける）氏から指摘されています）。

文字通りの盟友だった武村長官を切ることに悩みぬいた細川首相は、ついに内閣改造を決意したものの、社会党の連立離脱をちらつかせた反対にあって断念。４月８日、辞任することになります。最初に小池議員へ電話をしたときから、わずか2カ月後のことでした。マスコミは突然の辞任の理由として、国民福祉税の導入失敗や、佐川急便に関するスキャンダルをあげていましたが、側近として苦楽を共にしてきた小池議員は「私の見方はまったく違う。ずばり、北朝鮮問題だ」と断言しています。それは辞任前に本人の口から、こう聞いたからだというのです。

「北朝鮮が暴発すれば、今の体制では何もできない。ここは私が身を捨てる〈辞任する〉ことで、社会党を斬らなければダメなんです。それで地殻変動を起こすしかないんです」

細川内閣で官房副長官をつとめた石原信雄氏は、この1994年2月の日米首脳会談の「相当な部分が北朝鮮問題だった」とのべています[41]。そして北朝鮮に対して海上封鎖を行なうつもりだったアメリカから、その場合、北朝鮮は機雷を流してくるだろうから、それを日本が除去してほしいと頼まれたが、内閣法制局の判断でダメだったということも証言しています。「北朝鮮が暴発すれば、今の体制では何もできない」とは、おそらくそうしたことを言っているのでしょう。

社会党に反対されて武村官房長官を更迭できず、機雷の除去にも応じられない。核をもつ北朝鮮が、いつ「暴発」するかわからないのに、アメリカからの要望にこたえられず、うまく協力関係が築けなくなって辞任に追いこまれてしまった。これは鳩山由起夫首相が辺野古案に回帰することになったときと、ほとんど同じ状況です（76頁）。

このときアメリカ側のだれか、または日本側のだれかが、意図的に細川首相を辞任へ追いこんでいったかどうかはわかりません。細川首相の日本独自の安全保障構想が警戒されたという話が本当かどうかもわかりません。

ただ言えるのは、安全保障面でアメリカと距離をおこうとする日本の首相があらわれたとき、いつでもその動きを封じこむことのできる究極の脅し文句を、このとき「彼ら」が発見したのはたしかだということです。それは「言い方や表現（Ⓒアーミテージ）」は別にして、

「北朝鮮が暴発して核攻撃の可能性が生じたとき、両政府間の信頼関係が損なわれていれば、アメリカは「核の傘」を提供できなくなりますが、それでもいいのですか（＝北朝鮮の核をぶちこまれたいのか）」

という内容だと断言して、まずまちがいないでしょう。

18

少女暴行事件

「1995年9月4日午後8時ごろ、沖縄のキャンプ・ハンセンに駐留するアメリカ海軍軍人Marcus Gill（22）、アメリカ海兵隊員Rodrico Harp（21）、Kendrick Ledet（20）の3名が基地内で借りたレンタカーで、沖縄本島北部の**商店街で買い物をしていた12歳の女子小学生を拉致した。小学生は粘着テープで顔を覆われ、手足を縛られた上で車に押しこまれた。その後近くの海岸に連れて行かれた小学生は強姦され、負傷した**」

これはウィキペディアの解説です。事件のあまりにも痛ましい内容もあって、町の名や犯行現場など、少女のプライバシーに少しでも関係のある情報は、いまでも厳重に保護されています。もちろんそれは当然すぎるほど当然の措置ですが、そこに本土のマスコミの報道姿勢が加わることで、この事件がもつ本質、すべての日本人の心に沸き起こるはずの「激しい痛みと怒り」は、本土では結局スルーされたままで終わりました。事件名も「少女暴行事件」というかなりオブラートにつつんだ名称が定着していますが、**本来は「沖縄米兵・女子小学生集団強姦事件」というべきでしょう。**

少女周辺の関係者によると、訴えを起こさないという選択肢もあるなか、あくまで公表して訴訟するといったのは少女自身だったそうです。おそらく、二度とこんな事件が起きてはならないとの必死の思いだったのでしょう。その気持ちにぼくらはどう応えればよいのでしょうか。

この事件が起こったとき、沖縄の人たちは本気で怒りました。事件から1カ月半たった10月21日の抗議集会（沖縄県民総決起大会）には8万5000人が参加していますす[42]。その一方、本土のマスコミでこの問題を発生当初からきちんと報道していたところがあったとは、とても思えません。

ここで想像してみてください。あなたの娘さんや奥さん、恋人、姉妹、親しい友人が、3人の男にレイプされ、その犯人が特定されても、なかなか日本側に身柄が引き渡されない。しかも今後また、いつ同じようなことが起こっても不思議じゃない。日米の政府間に密約があり、「裁判権は事実上、放棄する」ことになっているからです。

そんな町で暮らしていけますか。

さらにそうした基地被害をほかの県に訴え、沖縄県の負担を軽減してほしいと頼んでも答えは「移設絶対拒否」。普天間の「移設」問題を話しあう全国47都道府県の知事会に出席した仲井眞弘多知事（当時）は、その状況を「46対1」だったとのべています。

1995年、大田知事が米軍用地の強制使用に関する代理署名を拒否して、反基地運動における歴史的な一歩を踏みだしたときも、日本の国会議員はそれを無効にする「米軍用地特措法改正案」を、衆院9割、参院8割という圧倒的多数で可決してしまいました。これは特定の地方だけに適用される特別法は、その地方の住民投票で過半数の同意を得なければならないとする憲法95条（「一の地方公共団体のみに適用される特別法は、法律の定めるところにより、その地方公共団体の住民の投票においてその過半数の同意を得なければ、国会は、これを制定することができない」）の規定にあきらかに反した行為でした。

そして本来なら、そうした状況を憂い、国民の先頭に立ってアメリカとタフな交渉を行なうべき右派の大物、中曽根康弘元首相や石原慎太郎元東京都知事は、もう冷戦はとっくに終わったというのに、口をそろえて「沖縄のみなさんに我慢してもらうしか

1995年10月21日の沖縄県民総決起大会（写真提供：朝日新聞社/時事通信）

ないじゃないか」などと言っていたのです。

つまり、**だれの目にもあきらかな不公正があるのに、「46対1」の多数決で「米軍基地は沖縄に集中させておく」ことを決めてしまう。**国会議員が憲法の精神を無視して、特定の県が大きな不利益をこうむる法律を、圧倒的多数で決めてしまう。どうしてそんなひどいことができるのか、それが日本の民主主義なのかと不思議だったのですが、撮影旅行も終わりに近づいたころ、ようやくその理由がわかりました。それはもともと沖縄への米軍基地の集中は1972年以前、沖縄がまだ何も意思表示できない占領中に「46対0」で決められたものだという非常に単純な事実だったのです。

19

沖縄の海兵隊はグアムへ行く

いま思うと普天間の「移設」問題というのは、最初からおかしなことだらけでした。まず、鳩山首相がはっきりと「できれば国外、最低でも県外」といってるのに、政権発足から間もない2009年10月27日、北澤防衛大臣がこんな発言をします。「〈辺野古への移設案が〉国外または県外という選挙公約をまったく満たしていないとするのは間違いだ」

ハァ？　政権発足が9月16日ですから、まだ1カ月と10日しかたっていないんですよ。「変なこと言うなぁ、この見たこともない大臣は」と思いましたが、いまふりかえると彼らの背後にいた外務・防衛官僚たちは、一瞬たりともブレてなかったということでしょう。このあと翌年5月まで、岡田外務大臣の嘉手納統合案〈県外っていってるでしょ！〉や、平野博文官房長官のホワイト・ビーチ案〈だから県外って…〉など、閣僚が勝手に意見をのべ始め、迷走が始まります。

しかし、ぼくが一番驚いたのは、普天間基地のところでも紹介した宜野湾市長（当時）の伊波洋一氏でした。この年の11月と12月に二度上京し、議員会館で講演して、実は**アメリカでは大規模な軍の再編計画が進んでおり、その計画では沖縄の海兵隊はほとんどグアムへ行くことが決まっている**という驚愕の事実をあきらかにしたのです（宜野湾市ＨＰ）。

東京ではおそらくこの講演については、『日刊ゲンダイ』だけが報道したんじゃなかったでしょうか。ぼくもそれを読んで知りました。伊波氏が８００ページもの資料を読みこんで分析したところによると、ブッシュ大統領時代に始まった「地球規模での米軍再編計画」のなかで、グアムに巨大な軍事基地をつくる「統合軍事開発計画」が進んでおり、沖縄の海兵隊はほとんどそこへ行くことになっている。日本国内での議論とはまったくちがい、**このグアムへの海兵隊の移転によって、日本をふくむアジア・太平洋地域の抑止力は強化されることが日米政府間で確認されており、そのため日本は移転費用92億ドルのうち、60億ドルを出すことになっている……**。

いったいぜんたい、どうしてこういうことが報道されないんでしょう。海兵隊がグアムに行くのはアメリカ自身の世界戦略上の都合なのです。冷戦が終わり、アメリカの安全保障戦略も根本的に変化した。だから冷戦時代に対ソ戦争用の「前線」に張りつけてあった巨大な兵力を縮小し、多くの部隊を後方（アメリカ国内）に移す。そして緊急時には、近年めざましく進歩した軍事テクノロジーによって、前線にすばやく兵力を展開する。[43]

そうしたきわめて合理的な考えからすると、最初に兵力削減の対象となるのは、もちろん東西冷戦期の最大の遺物である、「沖縄の米軍基地」になるはずです。そして事実、沖縄の海兵隊のほぼすべてがそうしたグランド・デザインのもと、グアムに移転することになっている。しかも移転費用92億ドルのうち、なんと60億ドルは日本が出すのです。それでなんで新しい基地までつくらなきゃならないんでしょう。だれか教えてもらえませんか？

そもそもこの話の始まりは、１９９５年に起きた少女暴行事件だったはずです。沖縄県民の強い怒りに危機感をつのらせたクリントン政権が、自分から水をむける形で橋本首相に普天間返還を提案させたのです。それがいつのまにか、うまく話をすりかえられて、辺野古に巨大な基地をつくらなければ普天間が返ってこないというような話になっている（さらには、このあと「新ガイドライン」「周辺事態法」「自衛隊イラク派遣」と、日米の軍事協力の枠組みが急速に拡大されていきました）。

だいたい辺野古での基地建設は、1960年代から米軍内で検討されていたプランだそうです。だからいかなる意味においても、絶対に「移設」ではありません。**世界一危険で、近い将来絶対に閉鎖しなければならないボロボロの基地と、辺野古につくる新品のピカピカの基地を「交換」しようという話なのです。**

もちろんアメリカ側の思惑だけで、こういう日本人を完全にバカにしたような計画（グァムへの移転費用拠出＋新基地の建設）ができるとは思えません。日本の官僚が論理的に反対すれば通るはずがないからです。だいたい米軍再編計画の第1原則は、「相手国が望まないところには基地を置かない」となっているのですから。

事実、前述の2011年5月にウィキリークスが暴露したアメリカの外交文書を見ると、鳩山政権の普天間返還交渉のなかで、防衛省と外務省の生え抜き官僚たちがアメリカのキャンベル国務次官補に対し、「（民主党政権の要望には）すぐに柔軟な姿勢を示さない方がいい」（高見澤將林防衛政策局長）など、完全にアメリカ側に立った発言をくり返していたことがわかっています。密室での交渉とはいえ、なぜそんなことが起こるのか。

　ひとつは前にジョセフ・ナイ氏の著書[44]から引用したとおり、米軍の存在自体が核抑止力と位置づけられているため、いつまでもいてもらわなければ困ると本気で思っているからでしょう。

　もうひとつは「天皇メッセージ」のところで見たように、米軍の存在が現在の国家権力構造（国体）の基盤であること（95頁）を、官僚たちがよくわかっているからでしょう。前出の豊下教授の研究を援用すれば「天皇を米軍が守る」、そして戦前と同じく「その周囲は官僚が支える」、これが戦後日本の国体〔（天皇＋米軍）＋官僚〕であり、この体制は明治以来の「天皇の官吏」としての官僚たちの行動原理（絶対的権威のもと匿名で権力を行使する）にぴたりとはまったわけです。

　とくに昭和天皇が亡くなったあと、明仁天皇（現・上皇）は政治的行為から完全に距離をとっておられましたので、**国家権力構造の中心にあったのは「昭和国体」から天皇を引いた「米軍・官僚共同体」。米軍の権威をバックに官僚が政治家の上に君臨し、しかも絶対に政治責任を問われることはない**。だから鳩山元首相の証言にあるように、官僚のトップが堂々と首相の指示を無視して「アメリカ」との関係を優先する。

これが平成以降の新国体なのでしょう。

では日本の官僚たちはどうやって実際に政治家を支配しているのか。**その力の源泉は、彼らが「条約や法律を解釈する権限」を独占していること**だそうです。[45]

ひとつはこれまで見てきたようなアメリカとの条約やさまざまな密約、もうひとつは政治資金規正法など、非常に定義があいまいな法律の有罪ライン、こうした政治家の運命を決めてしまうような重大な問題について、最終判断を下す権限を官僚がもっているため、失脚したくない政治家は官僚におもねるしかないのです。岸・池田・佐藤・田中と、政治が金で動いた昭和の時代は、もっぱら大蔵官僚の権力にスポットライトが当たってましたが、平成以降の「日本の国体」の中心にいるのは、そうした法律の解釈権をもつ外務官僚と法務官僚のようです。次の項ではそのあたりについてもう少しくわしく見ていきます。

20 日米合同委員会とは何か

2004年8月13日、普天間基地のすぐ東にある沖縄国際大学（50頁写真）に、米軍の大型輸送ヘリが墜落、爆発炎上しました。夏休みだったこともあって、学生や職員に奇跡的にケガはありませんでしたが、大惨事になっていてもおかしくない事故でした。

このとき、約100名の米兵がすぐに基地のフェンスをのりこえて大学に侵入し、黄色いロープをはって現場を封鎖しています。そして日本の警察や、市長、大学の学長たちがそのなかに入ろうとしたところ、それを拒絶しました。当然、日本側は激怒して、強く抗議しましたが、米軍側はいっさい受けつけませんでした。仕方がないので日本の警察は米軍の規制ロープの外側に自分たちの規制ロープをはり、そのまわりをウロウロするだけだったといいます。

　そのあと人びとは何年も、いったい何の権利があって大学を封鎖するんだ、これで本当に独立国なのかと怒っていましたが、実はそうした権利が密約で認められていたことが、２００８年に前出の新原昭治氏（国際問題研究家）の調査によってあきらかになりました。こうしたケースで米軍が私有地に許可なく立ち入る権利が、日米地位協定の協議機関である「日米合同委員会」によって合意されていたのです。

　前にもふれたように、日米地位協定というと米兵が基地の外で犯罪を犯したとき、日本側に身柄が引き渡されない問題としてよく耳にします。しかしこの問題、そんな小さな話ではないようです。**日本国憲法と日米安保条約、２つの非常に異質な法体系が、現実にはこの日米地位協定という現実レベルでぶつかりあい、「接ぎ木」されているからです。**

　そしてその接点にあって在日米軍の「円滑な運用」を協議する「日米合同委員会」こそ、このあと見るように、日々、無数の密約を生みだしている「密約製造マシーン」なのです。外務省のところで見た、**「アメリカとの接点（＝密約を結ぶ立場）にいる者が権力を握る」という法則からすると、あきらかにここが官僚たちのエリートコース、この委員会のＯＢたちが日本の権力ヒエラルキーの中心に位置しているとみて**

まちがいないでしょう。

メンバーを見てみましょう。日本側は外務省北米局長を代表に、代表代理が法務省・防衛省・財務省・農水省・外務省の局長や参事官クラスで計5人。アメリカ側メンバーは、在日米軍副司令官を代表に、代表代理が在日米軍の高官（陸・海・空・海兵の副司令官・参謀長クラス）と在日大使館公使で計6人。委員会の下に35の分科委員会や部会があり、2週間に1度のペースで会合をもっています（分科委員会や部会の代表も日本のエリート官僚がつとめています）。

議長は日米が交互につとめ、日本側が主催のときは外務省で、アメリカ側が主催のときは東京港区にあるニュー山王ホテル（ニューサンノー米軍センター）で行なわれています。そして重要なのが、**議事録と合意文書は作成されるが、それらは原則として公表されない**ということ[46]。つまりストレートに言えば、**日本のエリート官僚と米軍の高官たちが、必ず月2回会って、密約を結んでいる**ということです。

この合意文書の法的な位置づけをチャートにすると、次のようになります。

日本国憲法↓日米安保条約↓日米地位協定↓日米合同委員会・合意文書（密約）

つまり**上位の取り決めに入れるとマズいものを、どんどん下位に送って密約にしている**わけです。まず日本は憲法で戦争および戦力の放棄をうたいながら、軍事同盟条約である日米安保条約を結びます。この条約について吉田首相は、ずっと「交渉中」と偽り、国会でほとんど議論をしませんでした。そして調印する日どり（平和条約と同じ9月8日）は前日の夜11時まで、場所と正確な時間は当日の正午まで、アメリカ側から教えてもらえませんでした[47]。安保条約そのものが、文字通りの密約だったわけです。

次に日米地位協定の前身である日米行政協定は、旧安保条約が調印された2カ月以上あとになってから、ようやく内容についての交渉が開始されています。協定は条約とちがって国会での承認を必要としないため、吉田首相はこの協定のなかに「基地の原則的継続使用」や「米軍兵士や家族に対する治外法権」など、都合の悪い問題をすべて放りこんでいきました。さらにはその日米行政協定（現在は日米地位協定）にも書けないことを、日米合同委員会という密室の会議のなかで、だれからもチェックされることなく、どんどん決めてしまっているのです。

具体的に見ると、たとえば沖縄国際大学へのヘリ墜落事故のケースでは、日米合同委員会で次のような「合意文書」が作成されていました。米軍機が基地以外の場所に墜落した場合は、米軍側は救助などのため、「**事前の承認なくして**公有または私有の財産に立ち入ることが**許される**」となっていたのです。ところがこれは外務省が公表している文書では、「**事前の承認を受ける暇がないときは**（略）**許される**」となっていました。アメリカ側（または自分たち官僚側）に有利なとり決めを、微妙に言葉を変えて実態をわからなくする。こういう作文技術を「霞ヶ関文学」というのだそうです。

こうした密約の存在が最初にあきらかになったのは、沖縄では有名な「県道104号線越え演習」のときでした。県道104号線とは、キャンプ・ハンセンの真ん中を東西に横断する8㎞ほどの山道（19頁地図参照）ですが、復帰後の1973年3月30日、米軍はこの道を全面封鎖して、道路ごしに実弾での砲撃演習を行なったのです。もちろん県と住民は激しく抗議しましたが、米軍は演習をやめませんでした。その結果わかったのは、復帰時に県道104号線については、「**米軍の活動を妨げない範囲で**一般住民の使用を**認める**」という合意が、日米合同委員会で行なわれていたという事実だったのです。

住民たちはこのときはじめて日米合同委員会と、そこで結ばれた密約の存在を知りました。そして沖縄の米軍基地について交わされたこの密約（沖縄が復帰した１９７2年5月15日に結ばれたことから、「5・15メモ」とよばれています）には、多くの基地や訓練区域について、「原則として返還前と同じように使用〔できる〕」と書かれていることもあきらかになったのです。

次に、あの少女暴行事件などでくりかえし問題になる「裁判権放棄」の密約について見てみましょう。これはアメリカの軍人・軍属が公務以外の時間に犯した罪について、「とくに重要な事件以外は、裁判権を行使しない（＝裁判にしない）」とした密約のことです。２００８年にやはり新原昭治さんがアメリカ側の機密指定解除文書から発見しました。

このケースは日米合同委員会で「非公開議事録」という形の極秘の密約として合意されています。**そして日本の法務省が全国の地方検察庁に通達を出し、米軍関連の事件については、とくに重要な事件だけ裁判にすること、それ以外の事件については裁判にしないこと、しかも批判を受けやすい「裁判権の不行使」ではなく、「起訴猶予」として処理することをすすめているのです。**これが行政による司法権の侵害であることはいうまでもありません。

こうした文書化されていない密約とは逆に、法律になっているのにほとんどの国民が知らない「安保特例法」というものもあります。わかりやすい例をあげると、普天間基地のところでみたような違法飛行訓練を可能にする「航空特例法」です。かつて防衛省防衛施設局の局長が言っていたとおり、この法律によって米軍機は日本の航空法の適用から除外されている。だから飛行禁止区域や最低高度などを守らず、日本の空をどこでも自由に飛ぶことができるのです。

このような**安保特例法がさまざまな分野に関して40以上もあり、さらに核持ちこみなど条約レベルでの密約や、これまでみてきた日米合同委員会レベルの密約などとあわせて、在日米軍を超法規的存在とする「安保法体系（密約体系）」が、日本国憲法にもとづく「憲法法体系」を侵食しつつある**のが現在の日本の姿なのです。[48]

そういえば近年、検察や裁判所関係で、信じられないような不祥事や疑惑がつづいてますよね。「憲法法体系」というよりも、「法治国家」が侵食され、崩壊しつつあるといったほうが事実に近いように見えるんですが……。

それはさすがに言いすぎだろうと思った人のために、名古屋大学の春名幹男教授がアメリカ国務省に情報公開請求してあきらかになった、具体的なケースをご紹介しておきましょう。

１９５７年に有名なジラード事件という殺人事件が起こりました。これは群馬県の米軍演習場で、空の薬きょうを拾いにきていた（クズ鉄と同じくお金になったそうです）47歳の主婦を、21歳のジラード三等兵がからかって、空の薬きょうを銃に入れて発砲したところ、背中にあたって死亡したという事件です。

このとき対応を協議した日米合同委員会の秘密合意事項のなかに、ジラードを殺人罪ではなく傷害致死罪で起訴すること、さらに、

「日本側は、日本の訴訟代理人のチャンネルを通じて、事件の状況に考慮して、日本の裁判所が判決を可能なかぎり軽減するよう勧告する」

という項目がふくまれていたことがあきらかになりました。そして事実、ジラードは執行猶予付きの判決を受け、その年のうちにアメリカに帰国したのです。春名教授はこの「訴訟代理人のチャンネル」とは検察庁のことではないかとしたうえで、「公正であるべき裁判の裏側で、外務省、検察庁、裁判所などがからんだ裏取引があったのはまちがいない。検察庁が軽い求刑をし、裁判所にも軽い判決を言い渡すよう

働きかけるというシナリオである」[49]

と、いくら外交上の理由があったとはいえ、これはあきらかに行政による司法権の侵害であり、裁判所に対して判決の軽減を求めるなど、あってはならないことだとのべています。

どうでしょう。

「外務省・法務省・防衛省を中心とした日本政府の高級官僚たちが、在日米軍のトップたちと2週間に1度、会合をもち、日々、密約を結んでいる。そしてその密約のなかのあるものは検察や裁判所へ伝えられ、求刑や判決の結果を左右している」

こんなことをだれかが言ったら、頭がおかしいんじゃないかと思いますよね。「あのひと、陰謀論にはまっちゃったんだね（＝頭、悪いんだね）」というのが、普通の反応だと思います。でも右の太字の文章に想像はひとつもありません。すべて公的な記録によって裏づけられた事実なのです……。

☆　☆

と、ここまで書いたところで、少し心を落ちつけて、みなさんに驚愕の事実をお伝えしなければなりません。どうしてちゃんとした国家機関のなかで、これまで見てきたような「悪事」が行なわれているのか。どうして地位も能力もある日本の高級官僚が、そんな「違法行為」に手を染めているのか。ずっと不思議で仕方ありませんでした。だから、ここまで書いたところで一度ペンを置き、そうした官僚の「違法行為」がなぜ問題にならないのか、法律家の人に聞きにいってみたんです。そこで、びっくりするような事実を教えられてしまいました。これは法律を学んだ人にはまったくのイロハのイだとのことですが、ぼくはぜんぜん知らなかったので、本当に驚きました。いいですか、みなさん。よく聞いてくださいよ。

日本の法体系では「条約は、憲法以外の国内法に優先する」のだそうです。

ん？　どういうことだ？　最初はすっきりとわからなかったのですが、チャートにしてみると、

日米安保条約＞日米地位協定＞日米合同委員会の合意文書＞日本の法律

ということだそうです。

えーっ………！　本当ですか？　みなさんも、もちろん知らなかったですよね。でもこれは憲法98条にもとづく法解釈で、ほぼ定説なのだそうです。これは驚きです（憲法第98条　第1項：この憲法は、国の最高法規であつて、その条規に反する法律、命令、詔勅及び国務に関するその他の行為の全部又は一部は、その効力を有しない。第2項：日本国が締結した条約及び確立された国際法規は、これを誠実に遵守することを必要とする）。

日本の憲法を米軍が書いたと知ったとき以来の大ショックです。どうして「学者」とよばれる人たちは、いつもこうした一番大事なことを教えてくれないんでしょう。ひょっとしてこれが、沖縄の米軍基地問題をめぐる最大のタブーなのでしょうか。

なんだか、すごく意外な答えがぼんやりと見えてきたような気がします。なぜ米兵が日本の警察や市長を堂々と無視できるのか、なぜ軍用機が住宅地の上を低空飛行できるのか、なぜ日本の官僚が首相の指示を瞬時に否定できるのか……。それは「密約」や「悪事」ではなく、実は法的に正当な行為だったということなのでしょうか？？？　本当ですか？？？

もちろん条約なんて、どんな国でも結びます。それが国内の法律に優先するからといって、イコール国がおかしくなるというわけでもないでしょう。しかし条約が自国の法律よりも強く、しかも「条約にもとづく巨大な外国軍」が駐留していれば、刑法、民法、条例など、さまざまなレベルで日々、外国軍に有利な無数の「合意事項」が生まれ、それが事実上の法律となっていくのは当然の話です。その結果、日本の国内に、自国の法律より上位の巨大な法体系が存在することになってしまうのです。

さきほど安保法体系が米軍を「超法規的存在」にしていると書きましたが、それはあくまで日本側の視点から見たときの話であって、国際法までふくめたより上位の視点から見ると、「米軍の運用上必要なものは認める」という立場のほうが法的には正しい。すると、日米安保条約レベルから非公開議事録レベルまで、あらゆる密約は、実は米軍の法的に正当な行為を、日本の国民感情の手前、秘密会議で「密約にしてもらってる」だけだということになります。本当にそういうことなのでしょうか？？？

いやいや、憲法があるじゃないか。憲法は条約に優先するんだろう。だから憲法さえしっかりしてれば、そこまでひどいことにはならないはずだ。

たしかにそう思いたいところです。ところがそれがまったくダメなのです。

日米安保条約に関しては基本的に憲法判断をしないという最高裁判決が、駐日アメリカ大使の圧力のもとで出され、判例となってしまっているのです。これはかなり有名な話で、１９５９年の砂川事件「伊達判決（東京地裁）」という画期的判決に対し、当時のマッカーサー駐日大使（マッカーサー元帥の甥）が、田中耕太郎・最高裁長官と「内密の話し合い」をもつなど、判決破棄へ圧力をかけていたことがわかっています（この事実も新原昭治さんが２００８年、米公文書から発見しました）。

砂川事件というのは、米軍の立川基地（東京）の拡張計画をめぐってデモをした市民７名が逮捕された事件です。その裁判の一審で、東京地裁・伊達秋雄裁判長は１９５９年３月30日、「米軍駐留は憲法違反」であるとの判決を下しました。翌年１月には安保条約の改定が予定されていたため、事態を重く見たマッカーサー駐日大使はすぐに翌日から動きだします。そして１９５９年中に最高裁で伊達判決を破棄するという目標を定め、藤山愛一郎外相に高裁をとばして最高裁へ直接上告すること（跳躍上告）を「助言」したり、田中耕太郎・最高裁長官と密談し、裁判の優先的審議や今後のスケジュールなどについて話しあうなど、圧力をかけていたのです。少し長くなりますが、アメリカの駐日大使がどのように日本政府や最高裁に命令し圧力をかけ、状況をコントロールしていくかがよくわかりますので、発見された公文書の一部を読んでみてください。

○1959年3月31日〔判決の翌日〕

「**今朝8時**に私〔マッカーサー大使〕は藤山〔外相〕と会い、米軍の駐留と基地を日本国憲法違反とした東京地裁判決について話しあった。私は、日本政府が迅速な行動をとり東京地裁判決を正すことの重要性を強調した。**私はこの判決が、藤山が重視している安保条約についての協議への影響だけでなく、4月23日に東京、大阪、北海道その他で行なわれる極めて重要な知事選挙を前にしたこの重大な時期に、大衆の気持ちに混乱を引きおこしかねないとの見解を表明した。**（略）

私は、もし自分の理解が正しいなら、日本政府が直接、最高裁に上告することが非常に重要だと個人的には感じていると述べた。（略）

藤山は全面的に同意すると述べた。……**藤山は、今朝9時に開催される閣議でこの行為を承認するように勧めたいと語った**」（『しんぶん赤旗』2008年4月30日にも全文が掲載された）

○1959年4月1日〔判決の翌々日〕

「藤山〔外相〕が本日、内密に会いたいと言ってきた。藤山は、日本政府〔岸内閣〕が憲法解釈に完全な確信をもっていること〔略〕を、アメリカ政府に知ってもらいたいと述べた。〔略〕法務省は目下、高裁を飛び越して最高裁に跳躍上告する方法と措置について検討中である。最高裁には3000件を超える係争中の案件がかかっているが、最高裁は本事件に優先権を与えるであろうことを〔日本〕政府は信じている」

○1959年4月24日

「外務省当局者がわれわれに知らせてきたところによると、上訴についての全法廷の審議は、恐らく7月半ばに開始されるだろう。とはいえ、現段階では決定のタイミングを推測するのは無理である。**内密の話し合いで担当裁判長の田中〔耕太郎。最高裁長官〕は〔マッカーサー〕大使**に、本件には優先権が与えられているが、日本の手続きでは**審議が始まったあと、決定に到達するまでに少なくとも数カ月かかると語った**」

みなさんはこれを読んでどうお感じになったでしょうか。ぼくはもちろんビックリしましたが、その一方で（少し話はズレますが）、マッカーサー大使がこの判決を、「藤山が心配する安保改定協議への影響」だけでなく、「4月23日に東京、大阪、北海道その他で行なわれる極めて重要な知事選挙を前にしたこの重大な時期に、大衆の気持ちに混乱を引きおこしかねない」

と問題視しているところに興味をひかれました。まさに大臣以上、**首相並みの目配りをしてる**んですね。そして日本政府もまったく予期していなかった判決が出た翌日なのに、すぐ「跳躍上告で行け」という指示を出し、事態を収拾しようとしています。いたれりつくせりとはこのことでしょう。

「もう黙ってついていこうか。全部やってくれるんだから」となる気持ちはよくわかります。**前に片岡鉄哉さんが分析していた「冷戦期はアメリカが日本の国家機能を代行していた」という、まさにそのとおりの情景です。**

話をもどすと、マッカーサー駐日大使の「個人的見解」という名の命令は、すぐあと（数十分後または数分後）の閣議で了承され、法務省は「跳躍上告」について検討に入ったということです。そして8カ月後の同年12月16日、最高裁は予定どおり、一審判決を破棄する判決を下しました。これが「アメリカ↓外務省↓日本政府↓法務省↓裁判所」というチャンネルを通じた司法権の侵害であることは、ジラード事件と同じです。

このとき、一審判決を破棄した判決文のなかで、田中耕太郎・最高裁長官は2つのことをのべています。

①「憲法9条が禁止する戦力とは、日本国が指揮・管理できる戦力のことであるから、外国の軍隊は戦力にあたらない。したがって、アメリカ軍の駐留は憲法及び前文の趣旨に反しない」

②「他方で、日米安全保障条約のように高度な政治性をもつ条約については、一見してきわめて明白に違憲無効と認められない限り、その内容について違憲かどうかの法的判断を下すことはできない」〔統治行為論〕

米軍の駐留は違憲ではない。同時に、安保に関しては「きわめて明白な違憲」以外、判断できない。うーん。最初読んだとき、なんかスッキリとしなかったんですが……

よく考えるとこの２つ矛盾してませんか……。だって「きわめて明白な違憲以外、違憲かどうか判断できない」って言いながら、「米軍の駐留は違憲ではない」って……おいおい、そこは判断してるじゃないか！

いまこの最高裁判決を書きうつしていて感じたんですが、おそらくこの判決文が、海外から「非論理的」といわれる日本人の安全保障観のもとになっているのかもしれません。つまり、

「平和憲法は日本の軍事力だけに関するものだから、日本国内に巨大な米軍が駐留し、罪のない他国に軍事攻撃を行なっても、その精神には反しない。だから米軍の駐留は間違っていない」

「日米安保条約は非常に高度な問題なので、自分は判断できないし、したくもない」

なんだか、まったくおかしな考えですよね。でもまさにこれが、ぼく自身もふくめて、日本人の平均的憲法観、安全保障観なのではないでしょうか。やはり最高裁判決というのは、それがどれだけバカげた判決であっても、国民の思考を決定してしまうような重みをもつんですね。

ともかくこの最高裁判決によって、「米軍は合憲」「日米安保条約に関しては基本的

に憲法判断は行なわない」ことが確定してしまいました。こうして最後の頼みの綱だった憲法判断の道がふさがれ、安保法体系の国内法体系（＝憲法法体系）に対する優位が決定してしまったというわけです。

この本をつくるまで、ぼくは日本の官僚がかなりの悪玉（あくだま）なのだと思っていました。どうせ自分たちの立場を強くするため、喜々として密約を結んでるんだろうと。でもこうした事実を知ると、これは完全に構造的な問題であって個々の官僚にはどうすることもできない問題だということがよくわかります。鳩山政権を支えるべき官僚たちが忠誠を誓っていた「首相ではない別のなにか」（87頁）とは、つきつめていえばこの安保法体系なのでしょう。憲法判断をしないことが判例になっていれば、米軍関連の問題については実質上、安保条約が最高法規になるわけですから、すぐやめるかもしれない首相の言うことなど、いちいち聞いちゃいられないというわけです。

まとめると、**「密約」というのは官僚の悪事や違法行為ではなく、国際法（＝大国の圧力）との関係から生まれる外交上の技術にすぎない。問題は、外国軍が条約にもとづいて数万人規模で駐留し、最高裁がその問題について憲法判断を放棄しているという状況そのものにある。**その結果として生じる、自国民の権利より外国軍の権利が優先するという植民地的状況を、なんとかアメリカに対等なふりをしてもらって国民から見えなくしようとしたのが「密約」であり、文章をいじってごまかそうとしたのが「霞ヶ関文学」だということです。官僚のほうから言わせると、「大もとがおかしいんだから、しかたないだろう。やってられるか」といったところでしょう。

しかし長らく政権交代がなく、アメリカのような情報公開制度も生まれなかった日本では、そうした国内法からの逸脱を定期的にリセットすることができず、しだいに官僚組織を堕落させ、法的コントロールのきかない存在にしてしまいました。みなさんもここ数年、国会で多数をもつ自民党政権が強行すれば、どんなに明らかな違憲行為でも通ってしまう光景を嫌というほど眼にしてきたはずです。法務省が米軍との調整上、検察や裁判所を裏から操作するチャンネルを確立したことで、政府と官僚組織はまるごと法的枠組みの外側へ移行してしまった。つまり、「憲法法体系」（法治国家）の崩壊です。では私たちが今後そうした状況を食い止めるには、いったい何をすればいいのか。この本の終わりのほうで、いくつか提言を行なってみたいと思います。

21 いま、日本に何が起こっているのか

　これまで見てきたように、絶対平和主義を原則とする日本国憲法と、国内に世界一強力な米軍を駐留させる日米安全保障条約は、表裏一体の関係にあります。そして日本人が見たくない現実は、**外交と安全保障をカバーし、自民党政権と官僚機構を味方につけた日米安保・法体系（＝国際法・法体系）のほうが、憲法判断を放棄した日本国憲法・法体系よりも、実は上位法なのだということ**です。それが1960年以降の日本の本当の姿なのです。

　だからなんども言うように、1960年以降、憲法改正をとなえる首相はいても、安保改定を口にする首相はいませんでした。安全保障の問題に少しさわろうとしただけで、細川首相も鳩山首相もわずか9カ月で辞任に追いこまれています。その一方、前出の元外務省国際情報局長の孫崎享氏によれば、**われわれ国民がまったく知らない**

あいだに、さまざまな共同宣言や合意文書によって、日米安保条約は完全に変質してしまっているのです。[50]

そもそもの始まりは、2002年9月にアメリカが「合衆国国家安全保障戦略」で打ちだした「先制攻撃ドクトリン」でした。これは前年に起きた、いわゆる「9・11同時多発テロ」を受けて、アメリカが「自国の安全に対して脅威となるいかなる政府も打倒する、一方的な権利をもっていること」を宣言したものです。孫崎氏をはじめ、**世界中の有識者から、この宣言が1648年のウェストファリア条約以来つづいてきた、近代国際法の理念を破壊するもの**だという指摘がなされています。

ウェストファリア条約とは、カトリックとプロテスタントが争った「最後の宗教戦争」への反省から、国家がたがいの領土内の主権を尊重し、内政干渉をひかえることを誓ったものだそうです。簡単にいえば、自分が正義だといって他国に戦争をしかけてはいけないということです。国連憲章も、このウェストファリア条約に由来する国際法の枠組みを受けついで生まれたとされています。

あの有名なカントも、1795年に書いた『永遠平和のために』のなかで、「いかなる国家も、ほかの国家の体制や統治に暴力をもって干渉してはならない」とのべています。この考えも国連憲章の「人民の同権および自決の原則」に受けつがれていきました。そうした**ヨーロッパが400年にわたって築きあげてきた知的伝統を、現在のアメリカ外交は否定している**というのです。

さらに驚くべきことは、孫崎氏によれば日本は2005年10月、国会の審議もなく当時の外務大臣・防衛庁長官がアメリカと交わした合意文書「日米同盟：未来のための変革と再編」によって、事実上そうしたアメリカの他国への一方的攻撃に協力することを約束してしまったというのです。

『属国』の著者ガバン・マコーマック教授も、孫崎氏と同じ意見です。もともと「戦後の日本は、完全な独立国とは言えないものの、一定の自治と自立を確保し、冷戦中も経済成長だけに没頭していればよかった。この状態を属国とまで言うことはできない」。しかし2005年の合意によって、日本はアメリカの真の属国となり、「米軍の世界戦略の手ごまとして、世界反テロ戦争に投入されること」が決まったというのです。

おそろしいことに、合意文書にサインした町村外相、大野防衛庁長官は、その意味をまったく理解していませんでした。外務官僚から「基本的にこれまでと変わりません」という説明を受けていたからです。孫崎氏によると、合意文書は外務官僚以外によくわからない書き方がされているそうです。

「国際的な安全保障環境を改善する」という目的のため、「日本及び米国は、それぞれの能力にもとづいて適切な貢献を行なう」。この傍点部が予防戦争、つまりイラク戦争のように、自国が攻撃を受けていないにもかかわらず他国に一方的に攻め入って、政権を転覆することを含んでいるのだそうです。これでは日本の政治家たちを責められません。官僚が説明しないと、わかるはずないからです。さらに**この合意文書の問題は、日米安保にはあった「国連の尊重」も「極東という地域上のしばり」も、もはや存在せず、日本が中東をはじめとする世界中で、米軍の世界戦略と一体化して行動できるようになっていること。つまり完全に憲法違反の条約なのです。**

２００９年に孫崎氏が勇気をもってこのことを本に書くまで、われわれ日本人は日米安保条約が、そして自国の憲法が知らないうちに完全に変質してしまっていることを、まったく知りませんでした。

これほど重大な問題について大声で発言しない日本の「学者」って、いったいなんなのでしょうか？　なんのために彼らは存在しているのでしょう。それとも本当に気づかなかったのでしょうか。

かなり有名な話ですが、イラク戦争の開戦前夜、東京大学の田中明彦教授（国際政治学）は毎日新聞に、つぎのような寄稿をしていました（『毎日新聞』２００３年３月９日。日本財団図書館のサイトで全文公開されています）。

「（略）イラク問題については、そろそろ決断の時が来つつある。武力行使をするという決断かもしれないし、武力行使をしないという決断かもしれない。ここで、さらに議論を深めよという言い方は、つまりは武力行使をしない決断をするという決断をすることであって、決断をしないことにはならない。

そして、その決断の主体は、事実上はブッシュ大統領である。政治家としてこれほど重い決断はない。シラク大統領にしてもシュレーダー首相にしても、そして小泉純一郎首相にしても、これほどの責任を負う立場にはない。

これまでのブッシュ大統領の発言からすれば、米英の推す国連安保理決議が通らなくとも彼は武力行使の方向を選択するのであろう。私自身も、サダム・フセインがここで査察協力の一大決断をしない状況で、武力行使を覚悟しないことの危険は大変大きいと思う。もちろん、これは武力行使の危険を指摘する声を無意味だとか、理由がないというのではない。しかし、ひとたびアメリカが決断したとすれば、武力行使と不行使の危険性の比較考量にくわえて、そのようなアメリカを支持するかしないかの比較考量もこれに加わる。**そして、私にはアメリカを支持しない危険は、日本にははかりしれないほど大きいと思う**」（「武力行使の「比較考量」政治家として重い決断」）

これは実に不思議な文章です。一見、なにか論理展開がされているように見えて、実はまったくされていない。「比較考量」という意味ありげな言葉をただの「比較」にかえて読んでみると、本当に意味があるのは最後の一行（太字部分）だけ。しかもその結論部分の根拠が、どこにも書かれていないのです。

こうしたムチャクチャな文章を新聞に発表したあと、田中教授は日本国際政治学会の理事長となり、東京大学の副学長となって順調にステップアップしたのですから、おそらくこれは「霞ヶ関文学」の亜流である「本郷文学」（251頁）だったのでしょう。ごく一部の例外をのぞいて、日本のメディアや研究者に決定的に欠けているのが、孫崎氏のような「知りえたことを勇気をもって語る知的誠実さ」なのだと思います。

22

小指の痛みを、全身の痛みと感じてほしいのです

　この章のタイトルは、沖縄の祖国復帰協議会会長の喜屋武眞榮（きやんしんえい）さんが１９６９年２月、衆院予算委員会の公聴会で語った言葉です（記録には「沖縄同胞の心情を人ごとと思わず、小指の痛みは全身の痛みと感じとってください」とありますが、一般に右のような言葉として使われています）。

　辺戸岬（へどみさき）の「祖国復帰闘争碑」の碑文（210頁）や、伊江島の団結小屋の壁に書かれた檄文（212頁写真）を見てもわかるように、人の心を打つ言葉は、やはり苦難のなかから生まれる。沖縄と小指、まったく見事なレトリックです。

　これはけっして、たんに自分たちに同情してくれというメッセージではありません。小指が傷ついているのをほっておいたら、やがて全身が腐ってしまいますよという警告なのです。体の一部がこれほど傷ついているのに、その痛みを感じないというのは、

神経がやられているのではないですかという実にまっとうな問いかけなのです。

そして最初の日米安保条約から約70年、この警告はまさに現実のものとなりつつあります。もともとわれわれ国民がまったく知らないあいだに、日米安保条約によって事実上の憲法改正が行なわれ、日米地位協定により、米軍は沖縄だけでなく、日本全国の民間空港や港湾を使用できる権利を持っています。さらには前章でふれたとおり**2005年の合意によって、米軍が世界中で行なう「予防戦争」についても、日本は「適切な貢献」を行なうことになっている**のです（205頁）。

本書の冒頭（12頁）でのべたように、もともと沖縄と日本本土とフィリピンは、その国土全体が米軍の「潜在的基地（ポテンシャル・ベース）」として位置づけられていました。そのなかで沖縄がとくに大きな負担を押しつけられたのは、人口が少なく抵抗力が弱いからにすぎません。

だから沖縄の現状が、もし何の展望もなくこのまま固定化すれば、有事に求められるのは当然、「沖縄に我慢できることが、なぜ本土に我慢できないのだ」という圧力にちがいありません。**沖縄が日本本土のBATNAであるように、アメリカにとって日本はつねに中国のBATNAである**ことを忘れてはならないでしょう（32頁）。

しかるが故に、この碑は
喜びを表明するためにあるのでもなく
ましてや勝利を記念するためにあるのでもない。
闘いをふり返り、大衆が信じ合い
自らの力を確め合い決意を新たにし合うためにこそあり
人類の永遠に生存し
生きとし生けるものが、自然の摂理の下に
生きながらえ得るために警鐘を鳴らさんとしてある。

＊1 「鉄の暴風」とは第２次大戦末期に沖縄が、約３カ月にわたって受けた米軍の激しい空襲や艦砲射撃を表わすたとえ。
＊2 「舷々相寄り」とは、船のへりとへりを近づけてという意味。

祖国復帰闘争碑の碑文

全国のそして全世界の友人へ贈る

吹き渡る風の音に、耳を傾けよ。
権力に抗し、復帰をなし遂げた、大衆の乾杯の声だ。
打ち寄せる、波濤の響きを聞け。
戦争を拒み平和と人間解放を闘う大衆の雄叫びだ。

　　鉄の暴風*[1]やみ、平和のおとずれを信じた沖縄県民は
　　米軍占領に引き続き、1952年４月28日
　　サンフランシスコ「平和」条約第３条により
　　屈辱的な米国支配の鉄鎖に繋がれた。

米国の支配は傲慢で、県民の自由と人権を蹂躙した。
祖国日本は海の彼方に遠く、沖縄県民の声は空しく消えた。
われわれの闘いは、蟷螂の斧に擬された。

　　しかし独立と平和を闘う世界の人々との連帯があること
　　を信じ
　　全国民に呼びかけ、全世界の人々に訴えた。

見よ、平和にたたずまう宜名真の里から
27度線を断つ小舟は船出し
舷々相寄り*[2]勝利を誓う大海上大会に発展したのだ。

　　今踏まれている土こそ
　　辺戸区民の真心によって成る冲天の大焚火の大地なのだ。

1972年５月15日、沖縄の祖国復帰は実現した。
しかし県民の平和への願いは叶えられず
日米国家権力の恣意のまま軍事強化に逆用された。

1954年、米軍は伊江島での射爆撃場建設のため、住民を強制的に立ち退かせ、家や畑をブルドーザーでつぶし、接収した。その後、伊江島の島民たちはこの団結小屋（団結道場）をつくって非暴力闘争を展開、沖縄の反基地運動のシンボルとなった。現在この建物はほとんど使われていないようだが、壁には力強い文章が書かれている。

アメリカが「有事」と認定した瞬間、日本全国の飛行場や港が米軍の基地として使われ、自衛隊は米軍司令官の指揮下に入ることになっています。いま、小指（沖縄）の痛みを全身の痛みとして感じなければ、日本が世界に向かって痛みをうったえるときがきても、だれも耳をかたむけてくれないでしょう。

「小指の痛みを、全身の痛みと感じてほしいのです」

われわれ本土の人間が、いま

沖縄から学ぶべき一番のことは、おそらくこの言葉なのでしょう。

〔資料〕

いま日本でも、みずからの不利益をかえりみず、米軍や検察や裁判所といった巨大権力機関の違法行為に対して、抗議活動をする人たちがふえています。ここで彼らが好んで口にするドイツの神学者マルティン・ニーメラーの「彼らが最初、共産主義者を攻撃したとき」という詩を左に紹介しておきます。冒頭の1行を「彼らが最初、沖縄を占領したとき」と置き変えることもできるでしょう。

彼ら〔ナチス〕が最初、共産主義者を攻撃したとき、私は声をあげなかった、
私は共産主義者ではなかったから。
社会民主主義者が牢獄に入れられたとき、私は声をあげなかった、
私は社会民主主義者ではなかったから。
彼らが労働組合員たちを攻撃したとき、私は声をあげなかった、

私は労働組合員ではなかったから。
彼らがユダヤ人たちを連れて行ったとき、私は声をあげなかった、
私はユダヤ人ではなかったから。
そして、彼らが私を攻撃したとき、
私のために声をあげる者は、誰ひとり残っていなかった。

23 アメリカの２つの顔

普天間基地のところで見たように、アメリカ国内の基地はすばらしく民主的な基準で運用されています（48頁）。また米軍側は日本国内の基地の運用基準についても、1日の飛行回数とか飛行時間とか、けっこう細かく文書で決めようとするそうです。でも守らない。時間外に平気で飛んだり、市街地を低空飛行したり、ほかの基地からきた飛行機が勝手に訓練してたりする。

そういう話を聞くたびに、じゃあ、なんでそんなにいちいちこだわって文書を作って合意しようとするんだ。守らないんだから意味がないだろうと不思議だったんですが、米軍基地研究の第一人者チャルマーズ・ジョンソン氏によると、それは**アメリカが「国内では民主主義、国外では帝国主義」という2つの顔をもっている**からだそうです（だから合意文書はアメリカの国内向け＝議会対策用に必要なのだと。これは伊波洋一氏と同じ意見です）。

「帝国主義が、統治される側の合意を得ようとすることはありません。〔イラクを見てください〕。アメリカは民主主義を広めるためといって、他国の国民に銃をつきつけているのです。そんな矛盾に満ちた行為がつづくはずはないのですが[51]」

ジョンソン氏がそうした問題に気づいたのは、なんと沖縄を訪れたことがきっかけでした。１９９５年に起きた少女暴行事件の翌年、当時の大田知事にまねかれたのです。

「私は長年日本の研究をしていましたが、沖縄に行ったのはそのときがはじめてでした。非常にショックをうけました。**まるでイギリス植民地時代のインドのようだったからです**」

どうして軍の情報にもくわしく、日本研究の専門家でもある自分がこんなことを知らなかったのか。そう思ったジョンソン氏は、国外の米軍基地の研究に着手します。

「当初は沖縄の基地の問題がアメリカ国内に報道されないのは、例外的なことだと考えていました。しかし世界中に広がる米軍基地について、基地があるために起こるさまざまな事件や、軍事クーデターによる親米政権の樹立といった事例を調べていくと、残念ながら沖縄は例外ではなく、典型的な例であることがわかりました。こうした米軍基地は世界中に存在するのです」

現在、アメリカ国外の米軍基地は驚くべき数に達していて、ジョンソン氏によれば世界中に700カ所以上もあるのだそうです。[52]これは人類史上、まさに空前の規模に達しており、たとえば大英帝国やローマ帝国でさえ、国外の基地はせいぜい40カ所くらいだったそうです。もちろん過去の帝国は海外に領土をもっていたから基地が少なかったわけですが、現代のアメリカはそうした領土を求める旧来型の帝国ではなく、米軍基地を置くことで世界を支配する新しい形の帝国（基地帝国）だというのです。

「歴史的に見て、民主主義と帝国主義が両立することはなく、どちらかを選ぶしかありません。**もし国外での帝国主義に固執した場合、国内の民主主義が失われ、立憲共和制が崩壊してしまうのです。でも世界にはそうならなかった例もあります。それは第２次世界大戦後の大英帝国です。**「帝国の宝石」であるインドを戦前と同じように統治するには、国家による虐殺をやりつづけるしかなかった。そこで**彼らは正しい選**

択をした。民主主義国家でありつづけるために、帝国としての道を捨てたのです。アメリカもこのイギリスの歩んだ道を真剣に検討すべきです」

ジョンソン氏は初めて沖縄を訪れたときのことを「すべてが驚きでした」とふりかえっています。「米軍が島の一等地を基地にするために奪い、アメリカ兵が地元住民に犯罪をはたらいても罰せられることがない」

そうした沖縄の実情にふれたことが、かつて「反共の戦士」（1967年から73年までCIAの顧問）だったジョンソン氏を、米軍の覇権主義をきびしく批判する反軍主義の思想家へと変貌させることになりました。このときジョンソン氏が見て驚いた風景こそ、沖縄への撮影旅行でぼくたちが見た風景であり、この本を読んでくれたあなたが見た風景なのです。

24 世界の希望はどこにあるのか

暴走するアメリカの軍産複合体。年間予算約77兆円、世界の軍事費の約4割を1カ国で使い、その既得権益に対抗できるような政党も大統領も国家も存在しない……。あまりの事態の深刻さに、日米を代表する2人のネット・ジャーナリストは、ついに非常に単純な質問をすることになる。基地帝国アメリカの現状を前に、エイミー・グッドマン[53]はチャルマーズ・ジョンソンに、岩上安身[54]はカレル・ヴァン・ウォルフレンに、まったく同じ質問をした。

「では希望は？　希望はどこにあるのですか」

ジョンソン「ここにいる私たちが希望です。〔国民が議会の監督権をとりもどし〕アメリカの憲法制度を再構築することが唯一の道です。一度帝国への道を歩み始めると、帝国は拡大しつづけて財政が破たんし、反対する国が団結し始めます。アメリカはそうした〔かつてのソ連と同じ〕道をたどっています。それを阻止できるのは無関心層の意識改革です。（略）現状に不信をいだき危機を感じた市民が立ち上がれば、自分たちの政府をとりもどせるでしょう」（Democracy Now!）

　さらにジョンソン氏は別のインタビューで、辺野古の問題についてこうのべています。「アメリカは現在、日本および世界を占領しています。そこで**日本が辺野古の問題で思い切った行動をとれば、世界中の人びとが目をさます**。アメリカの非常に強力な脅しに抵抗し、唯一それを押し戻すには、日本も思い切った行動をとることです」

　一方、ウォルフレン氏は同じ問いに次のように答えています。

「希望はありません。事態はどんどん悪くなるばかりです。世界中探しても、どこにも希望はありません。アメリカの軍産複合体の暴走を止めることも、腐敗した金融システムを止めるすべもないのです。

　しかし、**もし希望があるとしたら、日本の政権が勇気をもってアメリカと対等に交渉し、沖縄に海兵隊は必要ないから出て行ってくれとはっきり言えたら、それが世界の歴史を変える非常に大きな一歩となるでしょう**。もしそれができたら、世界は注目しているので、ヨーロッパほか、世界のどんな地域にあるどんな国でも、それを参考にしてアメリカに対してＮＯという対等な交渉をすることができる。それをひとたび知れば世界が変わる。そのきっかけを日本がもたらすことができるのです」（Independent Web Journal）

　これは大変なことになってきました。２人の高名な歴史家（と呼んでいいでしょう）が、**世界の未来は日本の、しかも辺野古の問題にかかっているというのです。沖縄の基地問題の歴史的意味は、それほど大きい**というのです。それではわれわれは、いったいどうすればいいのでしょう。

　議論をやりなおす必要はありません。１９５０年に朝鮮戦争が始まるまで、日本には全連合国と平和条約を結ぶべきとする全面講和論と、ソ連など共産圏をのぞいて平和条約を結ぶべきとする単独講和論があり、国民の多くは前者を支持していました。[55]その後、全面講和論が急速に勢いを失ってしまったのは、ひとえに朝鮮戦争が勃発したからなのです。

「共産主義は全世界にわたる民主主義の絶滅を終極の目標としているから、（略）「中立」や「不介入」などという言葉〔立場〕はありえない（略）。朝鮮の動乱は「二つの世界」が一致して希望するわが国の在り方もなければ、両者が共同でわが国の安全を

保障してくれる基盤もないことをはっきりと教えてくれた」（外務省「朝鮮の動乱とわれらの立場」1950年8月19日）

こうした中間地帯のない対立構造を冷戦後も維持しようというのが、ブッシュ元アメリカ大統領のかかげた「敵か味方か」「味方でなければ敵だ」というドクトリンでした。しかし日本にとっても世界にとっても、冷戦と、ブッシュのいう「対テロ戦争」がまったく別のものであることはいうまでもありません。日本政府以外のほぼすべての国は、そのことをよくわかっていたはずです。

「東アジアでは冷戦構造は終わっていない」という言い方をする評論家たちもいますが、日本と中国のあいだに存在するのは、どんな国と国のあいだにもある国境をめぐる小競り合いであり、北朝鮮の問題は、形としては70年前の朝鮮戦争がまだ休戦中ということになっていますが、現実には孤立する独裁国家をどうやって国際社会に復帰させるか、そのなかで拉致被害者をどうやってとりもどすかという問題で、冷戦とは何の関係もありません。

そしてここまで考えてきたとき、われわれ日本人は恐ろしい事実に直面するのです。

冷戦が終わったとき、なぜアメリカは軍備を縮小して国民に平和の配当をもたらさなかったのか。なぜ21世紀になって「対テロ戦争」のような世界中に覇権を行使する戦争、罪のないイラク人を大量に虐殺するような大軍事行動を始めてしまったのか。

その理由は、実はわれわれ日本人なのではないか。

われわれ平和憲法をもつ日本人は、アメリカに非常に戦略的価値の高い基地を無料で提供し、しかもその運用費まで全額出している。そうした日本の完璧な従属国としての振るまいが、ペンタゴン系の国家戦略家たちに誤解をあたえたのではないでしょうか。

２００３年のイラク戦争のとき、ブッシュはイラクを「第2の日本」にするという方針を明言していました。もしアメリカがイラクを、そして世界中の「テロ国家および テロ支援国家」を爆撃・占領して「国家改造」したあと、民主化されたその国の国民たちが感謝して、日本のように無料で基地を提供し、その経費まで負担してくれたら……アメリカは人類史上初の完全世界制覇をなしとげることができるのです。

個人であればだれが考えても「狂人の夢」だとわかります。でもウォルフレン氏のいう「暴走する軍産複合体」にとっては、行きつくところまで行くしかないのでしょう。どこにもブレーキはないのですから。事実、ウォルフレン氏はジャーナリストの岩上安身氏のインタビューで、日本はアメリカとの関係をヨーロッパなみにしたいというけれど、「日本との関係で成功したアメリカは、ヨーロッパにも日本のようになってほしいと考えているのです」とのべています。

冷静に考えると、日本人にとってこれほどの悪夢はないかもしれません。「平和憲法」を誇りにし、第2次世界大戦後の世界できわめて自制的にふるまってきた日本人が、暴走する軍事基地帝国の最大の支援者となっている。国連憲章と自国の憲法の連動性を信じ、長く国連中心主義をかかげてきた日本が、国連はおろか、そこにいたる人類の400年もの平和への努力を破壊する手助けをしている。そして二重の意味でまったく罪のないイラク国民（個人としてはもちろん、国家としても爆撃される理由はまったくありませんでした）を大量に虐殺する手助けをしてしまったのです。そんな行動に疑問を感じていない国は、もはや世界でアメリカ以外に日本しかいないにもかかわらず（イギリスではイラク戦争参戦の正当性をめぐって、ブレア元首相が２００３年６月、独立調査委員会の公聴会に証人喚問されました）。

チャルマーズ・ジョンソン氏の分析によれば、帝国主義のアメリカ（国外）が民主主義のアメリカ（国内）を侵食しつつあるのが現状だということです。ですからわれわれは、民主主義のアメリカ（国内）にうったえ、手を結ぶしかありません。アメリカ人のほとんどは、われわれと同じ被害者なのですから。

もし**日本に米軍基地がなければ、アメリカはイラク戦争もアフガン戦争も、さらにいえばベトナム戦争さえ、やろうと思わなかった可能性が高い**のです。この3つの戦争は、一般のアメリカ国民にとって、あったほうがよかった戦争でしょうか、なかったほうがよかった戦争でしょうか。国家として、プラスになった戦争でしょうか、マイナスになった戦争でしょうか。答えはすでに出ています。勝利したのは、アメリカの軍需産業だけなのです。

第2次世界大戦で無残に敗北した日本人の生活が、現在かつての戦勝国である中国よりもロシアよりも豊かなのは、まちがいなくアメリカのおかげです。ですから、**反米になる必要はありません**。日本人はみずから望んでアメリカと共に歩いてきたのですから。**いまとるべきは沖縄の大田元知事が提唱していた「親米・反基地」の道です。これはジョンソン氏のいう「2つのアメリカ」論とまったく同じ、非常にすぐれた思**

想といえるでしょう。

日本にある米軍基地を縮小し、世界中の米軍基地に逆ドミノ現象を起こす。その第一歩となるのが、沖縄の海兵隊です。普天間や辺野古だけではありません。沖縄の海兵隊すべてです。米軍の世界戦略上も、日本にいる必要がないことはすでにわかっているのですから(177頁)。

そして**海兵隊の撤退が実現したあと、具体的な期限を定めて、嘉手納や横須賀、三沢、横田、厚木、座間、岩国、佐世保など、すべての米軍基地を撤退させましょう。**

これは夢物語ではありません。実は非常に現実的な方法があるのです。それを次の章でご紹介します。

25 フィリピンにできたことは、日本にも必ずできる

普天間みたいな違法な基地も閉鎖できないのに、**どうやって米軍を完全撤退させるんだ。夢みたいなこと言うな、**と思われるかもしれません。でも**沖縄にきて、非常に単純な方法があることがわかりました。憲法改正です。**

「20××年以降、外国の軍事基地、軍隊、施設は、国内のいかなる場所においても禁止される」

この1行を、国会と国民投票で決議すれば、それで終わりなのです。すでにふれたように、条約は憲法だけには勝てません。戦後初の憲法改正、本当の意味での民主主義国家の始まりとして、これほどふさわしい条文があるでしょうか。国民の過半数が支持した場合、反対できる国会議員がいるでしょうか。

夢ではありません。**対米従属という点では、日本よりはるかに不利な状況にあった**

フィリピンが、さまざまな経緯と偶然があったにせよ、1987年に制定した憲法にもとづき、米軍基地の完全撤去を実現させているのです。

驚きました。てっきりピナツボ火山の噴火で基地が使えなくなったから撤退したとばかり思っていました。でも、たしかに空軍基地はそうですが、海軍基地はちがっていたのです。アメリカに都合の悪い情報は、つくづく日本では広まらないことを痛感しました。

本書冒頭（12頁）で見たように、アメリカの世界戦略のなかで、日本本土と沖縄、フィリピンは、非常に近いポジションにあります。アメリカにとって沖縄が太平洋の「要石」（Keystone of the Pacific）なら、日本は東シナ海の、フィリピンは南シナ海の「不沈空母」（Unsinkable Aircraft Carrier）だったのです。

しかもフィリピンには、日本にくらべて不利な点がいくつもありました。

そもそもフィリピンは400年以上ものあいだ、植民地支配に苦しめられた国でした。まず16世紀にスペインの植民地となり（国名自体がスペインのフェリペ2世からきています）、1899年に始まった対米戦争では数十万人のフィリピン人が戦死、または病死しています。その後1946年まではアメリカの本当の植民地でした。

植民地だったため、米軍基地の規模も大きく、たとえばクラーク空軍基地は１９７９年まで、なんと530㎢、当時沖縄にあったすべての米軍基地の２・４倍、沖縄本島全体の44％もありました。同じくスービック海軍基地も、１９７９年以前は233㎢、沖縄の全米軍基地よりも広かったのです。その後、かなり基地は縮小されたとはいえ、**経済的にも軍事的にもフィリピンは、完全にアメリカ頼みの社会でした。ですから「米軍基地を撤去したら、つぶされてしまう」という不安は、とんでもなく大きかったそうです。**

アメリカに仕返しされて経済的に破たんする。東南アジアに「力の空白」が生まれて戦争になる。まるでこの世の終わりがくるようなさまざまな「不安」がかきたてられ、米軍基地の撤去は「ドゥームズデイ（世界の終わり）・シナリオ」とよばれました。

だがそんな不安は、まったくの杞憂だったのです。

簡単に経緯をふりかえってみましょう。当初フィリピンの基地問題は、日本と非常によく似た経緯をたどりました。１９８６年２月、「ピープル・パワー」とよばれる民衆革命でマルコス独裁政権を打倒し、大統領となったアキノ夫人は、選挙前、外国軍基地の撤廃をかかげた公約（統一宣言）にサインしていたにもかかわらず、就任後は一転して基地撤廃に消極的な姿勢を見せはじめます。

一方、民衆革命の熱気のなか、新憲法の制定作業がはじまり、１９８７年２月、外国軍と基地の受け入れを原則として禁じる新憲法が発効します。これにより米軍は１９９１年９月以降、基地に関する新しい条約が締結されない場合には、完全に撤退せざるをえなくなったのです（１９４７年に結ばれた米比基地協定は、当初期限が99年でしたが、１９６６年に残り25年間と変更され、１９９１年以降はどちらか一方が１年前に通告すれば終了することになっていました）。

そして**撤退期限のせまった1990年5月から、米比両政府のあいだで、基地問題をめぐる1年3カ月の外交交渉が始まります**。フィリピン側の代表はマングラプス外相とベンソン保健相。**アメリカ側の代表は、日本でもおなじみのリチャード・アーミテージ氏**。彼は国防次官補として、１９８３年から89年までフィリピン問題を担当していました。

経緯や登場人物がよく似ていますので、日本の政治家や官僚のみなさんも、ぜひこのフィリピンの外交交渉をよく研究して、参考にしていただきたいものです。

アーミテージ氏は交渉の冒頭から大声をはりあげ、「これでわれわれの関係はおしまいだ」「ワシントンとその同盟国は激怒している!」と怒鳴りちらしたといいます。56

それに対してベンソン保健相は、こう回想しています。

「マングラプス外相はおどろくほどの冷静さでアーミテージの怒りに対応し、冷静に反論し、フィリピンの立場を守った。(略)アーミテージは最後には冷静になった。しかしこの時以降、私は、われわれは自分の立場を押し通すことに慣れすぎた人物と交渉していることを思い知らされた」

こうしてアーミテージ氏に堂々と逆らったマングラプス氏が、その後も迫害を受けず、元気に政治生命をまっとうしたことを知れば、それだけでも日本の政治家・官僚のみなさんは格段に対米交渉能力がアップするのではないでしょうか。

しかしこのあと、アメリカ側のまきかえし(詳細は不明)によってフィリピン側は追いこまれ、ついに1990年8月、スービック海軍基地の継続使用を軸とする新条約(比米友好協力安全保障条約)が調印されてしまいます(一方、クラーク空軍基地はこの交渉が行なわれている最中の6月に、ピナツボ火山の噴火によって使用不能となり、わずか48時間で米軍が撤収、つづいて放棄を宣言するという劇的な展開を見せていました)。

新条約が調印されてしまったことについて、当時すでに交渉団の副団長を辞任していたベンソン元保健相は「フィリピン交渉団の方針がアメリカ追随になっていった理由は、内部からフィリピンの立場を掘り崩すものがいたからだ。ある国を植民地にする場合、大国はその国民のある部分も植民地化してしまうものだ」とのべていますが、その裏切り者がだれかについては語っていません。

ところがそのあと、もう一度大逆転が起こります。政府の方針転換に怒った国民のあいだに広範な反対運動が巻き起こり、焦点は翌9月に行なわれる上院での審議と批准の採決に移っていったのです。

条約賛成派もさまざまな工作を開始します。**アキノ大統領は大集会をひらき、みずからデモ隊の先頭に立って上院まで行進して、機運をもりあげようとしました。アメリカ大使館の高官が条約批准への賛成とひきかえに、エストラーダ上院議員（のちに大統領）に翌年の大統領選での支持を提案してきたことも暴露されました。そうしたなか、ついに1991年9月16日、フィリピン上院は12対11で条約の批准を拒否したのです。**

フィリピンには、日本と同じ屈辱的な地位協定があり、それまで何度改定要求を出してもほとんど改善されることはありませんでした。ところが基地が撤去されたあと、「米兵犯罪や騒音など基地にまつわるもろもろの忌まわしい問題は、きれいさっぱり、すっきり消えてなくなった」といいます。

「アメリカの関与と介入は劇的に後退した。合衆国政府の影の代表が、フィリピンの政治と行政の中枢に深くかかわりあうような局面はひとまず終わった」[57]。しかもその後、米比関係はとくに悪化しなかったのです。

たしかに視点を世界に広げてよく考えてみると、フィリピンよりさらに条件の悪いバルト三国（ラトビア、リトアニア、エストニア）でさえ、1991年に独立してソ連の基地がなくなったあとも国家として立派に存続しています。

いま、「だって彼らにはNATOがあるじゃないか」と思ったあなた。教養はあるけど、心が弱すぎます。ラトビア、リトアニア、エストニアがNATOに正式加盟したのは、独立後13年たった2004年、加盟を目標とした「パートナーシップ協定」への調印すら3年後の1994年のことです。その間彼らはさまざまな恐怖に耐えながら、困難な局面を乗りきっていったのです。

だから日本にできないはずはありません。足りないのはただひとつ、「勇気」だけです。この言葉はフィリピン上院をとりまく反対派のデモがかかげた、多くのプラカードに書かれていたそうです。

最後に、条約の批准に反対した上院議員たちの演説のなかから、とくに日本の政治家のみなさんに聞いてほしい部分を、松宮敏樹さんの著書『こうして米軍基地は撤去された！』（新日本出版社）から、ピックアップしてご紹介しておきましょう。

「私を条約反対にかりたてる**もっとも大事な問題は、主権の問題だ。条約はフィリピンの主権を侵害しつづけ、米比の植民地的な主従関係を永続させる**。この協定はわが民族を米国に操作されやすくしてきたばかりか、わが国民に植民地根性を植えつけてきた。（略）アメリカは、在比米軍基地を閉鎖することこそ、フィリピンにとってもアメリカにとっても、両者の関係にとっても、真の長期的利益であることを理解すべきだ。われわれはまさに、真の永続的アメリカとの友好関係を望むがゆえに、基地撤去を望む」

（アガピト・アキノ上院議員）

「そもそも**アメリカは海外基地が、その基地のある国を防衛するために存在すると考

えたことなど、一度もないのである。基地はアメリカの防衛のため、米軍事力の投射〔行使〕のために存在するのだ。１９５５年のはじめに、ロバート・マーフィー米国務長官は、海外基地についての本当の考えをのべたことがある。「米軍は同盟国への好意として、その国に置かれているのではない。われわれアメリカ人も、われわれの同盟国もそのことは知っている」

（ホアン・ポンセ・エンリレ上院議員）

「この条約は憲法と一致しない。憲法をそんなに軽くあつかうこと、条約に合わせるために憲法を粗末にすることは、絶え間ない政治的不安定という災いを招くことになる。私は、フィリピンが大変な困難にあることを否定しない。（略）われわれは経済制裁にあうかもしれない。（略）しかし、私はアメリカ国民の公平さを信じる。（略）**今日から、アメリカとの新しい関係を築こう。従属の暗闇から、対等と相互尊重の光のなかに移っていこう**」

（オルランド・メルカド上院議員）

「フィリピンに米軍基地を置きつづけることは、事実上、わが国を独立した主権国家というよりもただの植民地にしてしまう。米国と二国間協定をもち、米国の軍事基地を置いているような国は、米国と対等の関係で尊敬を受けることはできない。これは広く認められた事実だ。（略）**在比米軍基地は、われわれがほかのアジア諸国やその他の国との関係において真に独立した外交政策を追及することを妨げている。（略）自分たち自身の足で立とう。**そして、わが外国の友人たちが尊厳と威厳をもって、われわれに接するようにさせよう」（ビクター・シガ上院議員）

「理性で判断してみよう。**もしフィリピン国内に、われわれがコントロールできない核兵器を許すとするなら、その条約は健全な理性や常識にもとづいているだろうか。答えは確実にノーだ。**われわれは、われわれの生命や国の未来を、たとえどんなに友好的な相手だとしても、外国の手にゆだねることはできない」（ソテロ・ラウレル上院議員）

「われわれは未来を夢見る権利がある。外国支配から自由な未来、自分自身の2本の足で誇らしげに立つ国を夢見る権利をもっている。**私はフィリピン人が選挙の前夜に、「アメリカの支持する候補はだれだ」などと質問しなくなる日がくることを願ってい**

る」

（エルネスト・マセダ上院議員）

「**いかなる国においても外国軍が存在するということは異常な状態である。**（略）私は、正しいときに正しい決定をするべきだということを知っている。しかし、**もし植民地主義になれきった人たちのように、価値でなく、損得で判断するようになってしまうと、正しいことをするときというのは決して訪れることはないだろう**」

（ルネ・サギデク上院議員）

「将来に困難があることは知っている。マビニ〔19世紀末のフィリピン人指導者〕の言葉を引用しよう。「**われわれが苦しい旅の途中で死ぬか、その終着地で死ぬかは問題ではない。**つづく世代はわれわれの墓に祈りながら、（略）愛と感謝の言葉をわれわれにあたえるだろう」**この苦しい選択に、われわれ上院議員は自身の政治生命をかけた。**（略）**太陽はまたのぼる。そして新しいフィリピンが生まれる**」

（ジョセフ・エストラーダ上院議員）

26

「常時駐留なき日米安保」と「アジア共同体」

10年前、この本をつくるため、写真家の須田慎太郎さんと2人で沖縄に渡ったとき、こんな複雑な問題に答えなんか出るはずないと思っていました。ぼくも須田さんも沖縄の基地問題について、ほとんど何も知らなかったからです。ただ東京では、自分もふくめてだれも現実の基地を見たことがなかったので、とにかく沖縄の米軍基地を「目に見える形」で本にしてみようと思ったのです。

しかし、**本当に意外なことですが、答えはとても単純なものでした。**沖縄という「安保の見える島」にわたり、巨大な米軍基地が存在する日常にふれてみると、いままでもっていた思いこみがアッというまに剝がれ落ち、きわめて常識的な答えが見えてきたのです。それはどうやら本土の日本人以外、世界中の人たちが常識として知っていることのようでした。つまり、安全保障条約自体が問題なのではない。それはむ

しろ必要なものだ。しかし、

「憲法が歯止めとならない状況下での、条約にもとづく大規模な外国軍の駐留は、絶対に認めてはならない。それは自国の法体系を根底から破壊する」

　というのがこの本の結論です。そして結論を得ただけでなく、それに絶対的な確信をもてたことが、約半年に及ぶ沖縄取材の最大の収穫でした。問題は「沖縄のみなさんに我慢してもらえば」すむような話ではないのです。法的にいえば皇居だって国会議事堂だってあなたの家だって、日米合同委員会で合意すれば、来月から米軍基地にすることが可能なのです（「全土基地方式」）。そうした形で国内法の空洞化が進んでいけば、昔、中国の首相が言ってたように、日本は「20年もしたら、地図の上から消えている」ことにもなりかねません。

　もともとアメリカの国務省でも、多くの人たちが旧安保条約について、「サインした代表団のうちひとりは確実に暗殺されるだろう（ジョン・Ｍ・アリソン〔１９５１年７月〕）」とか、「米軍が日本に駐留しつづけることを条約で決めるのはまちがいだ。それは日本との外交関係に長く悪影響をおよぼす（ジョージ・ケナン〔１９５０年８月〕）」など、非常に無理のある条約だということを認めていたのです。交渉責任者だったダ

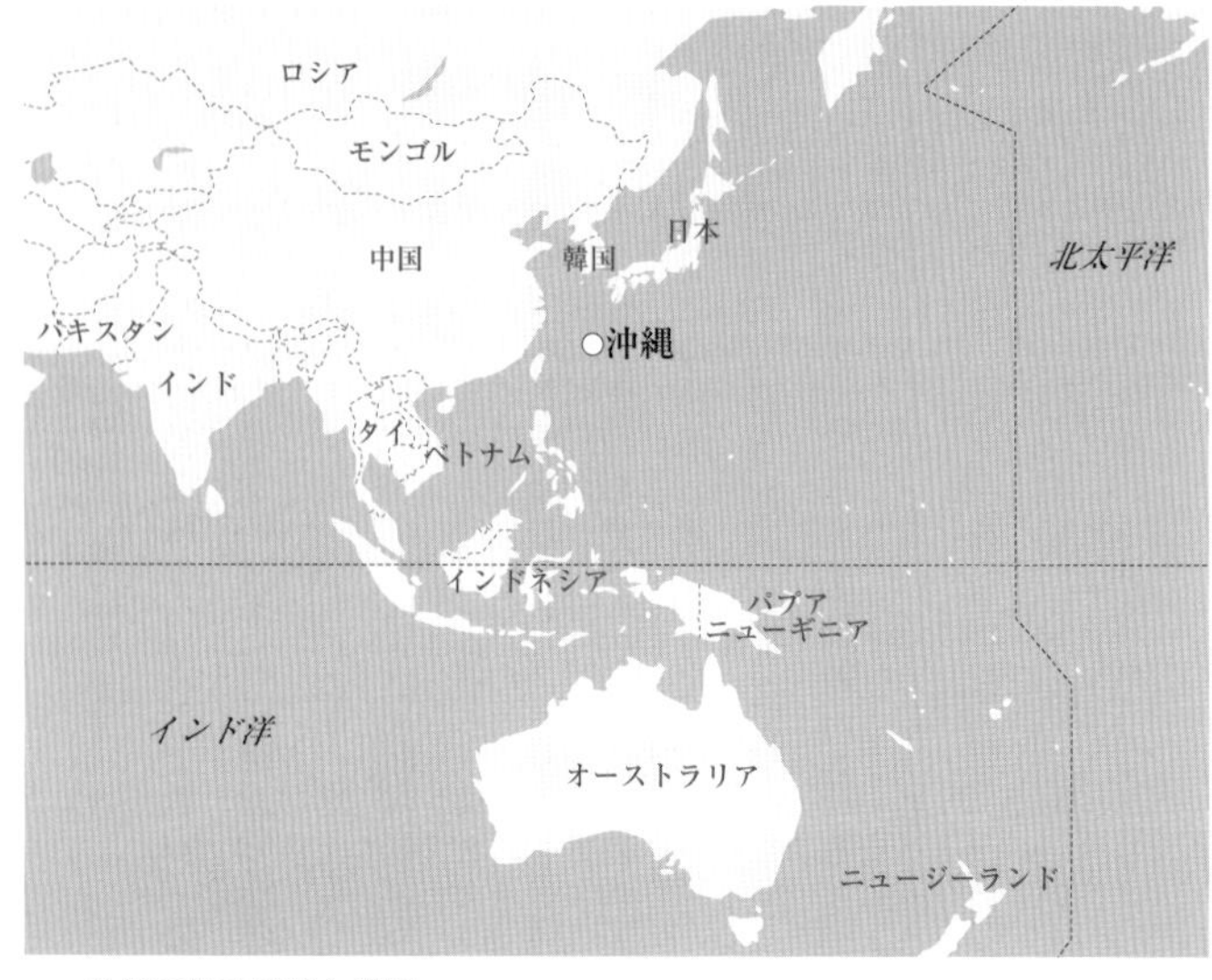

沖縄の地政学的な位置

レス本人でさえ、当初は「この条約を日本に受け入れさせることは困難」と考えていました。そして調印する正確な時間と場所さえ、日本側は当日になるまで教えてもらえなかった。そうした「まともではない条約」と、現在の新安保条約は、基本的にはまったく変わっていないのです。

そう考えると、鳩山元首相の持論だった「常時駐留なき日米安保」と「アジア共同体」というのは、なかなかよく考えられたプランだったような気がします。問題は実現性ですが、日米安保条約についてはフィリピンのところで見たように、腹をくくって「外国軍の駐留を禁じる憲法」を可決すればそれで終わりです（別途「有事駐留についての覚書」を作成する）。大丈夫、フィリピンを見てください。交渉の過程ではさんざん脅されたようですが、1951年8月に結ばれた米比相互防衛条約は、いまも破棄されずつづいています。

それからアジア共同体にはアメリカを入れてもいい。グアムやサイパンはお隣りなわけですし、経済的にはこれまでさんざんお世話になったんですから。米中でけん制しあいながら、仲よくやってもらいましょう。

「ASEANプラス3（日中韓）」はすでにありますので、「プラス6」（＋オーストラリア・ニュージーランド・インド：2005年から首脳会合開催）でも、「プラス8」（＋アメリカ・ロシア：国防相会議の定期開催で合意）でもいい。北朝鮮を入れて「プラス9」でもいい。どの組み合わせになっても、右頁の地図を見ればわかるように、沖縄はきっとその中心になるでしょう。

この2つの政策（「常時駐留なき日米安保」と「アジア共同体」）さえ実現すれば、日本の「国のかたち」は劇的に変わります。近年、中東など世界各地で政治的大変動が起きていますが、日本の革命（新しい夜明け）に流血は必要ありません。この2つを

（または「脱原発」を加えた3つを）公約にかかげる政党を支援し、投票するだけでいいのです。元首相が提唱していたくらいですから、そうした政治勢力はかならずまた登場するはずです。

実は２０１０年12月に放映されたＮＨＫスペシャル（「日米安保50年④日本の未来をどう守るのか」の世論調査：11月下旬実施）は、日本人の意識が当時、劇的に変化しつつあることを示していました。日米安保条約がこれまで果たした役割については高く評価しながらも、今後の安全保障については、

「日米同盟を基軸にする」　19％
「アジアの国々と国際的な安全保障体制をきずく」　55％

と、地域安全保障を求める声が過半数をしめていたのです。

なあんだ。実は本土の人たちも、10年前、すでに答えは知ってたんじゃないですか。考えてみるとこれは驚くべき数字で、**完全に憲法改正のハードル（国民投票2分の1）をクリアしています**。けれどもそのように、世界標準から見てきわめて常識的な方向へ進もうとした民主党政権と、その誕生を支えた日本国民の圧倒的民意は、２０１０年の鳩山内閣の突然の崩壊と、翌々年（２０１２年）に起きた野田首相の卑劣な自爆

解散によって裏切られ、見事に安保国体（自民党・安倍政権）への大政奉還が行なわれてしまったのです。

思えば日本は長いあいだ、「あたえられた民主主義」の国だと謙遜気味に自称してきました。しかし、２０１０年から２０１２年にかけて起こったこの不可解な出来事は、「あたえられた民主主義」など、この地球上にはどこにも存在しないことを私たちに教えてくれました。一方、まわりを見まわせば、フィリピンや韓国、台湾といったアジアの国々が、独裁政権と戦い、自力で民主主義を獲得した国として評価されているのです。

ガバン・マコーマック教授はこう言っています。

「日本人のなかに、日本人は優秀な民族で、ほかのアジア諸国とは違うと思いこんでいる人が多数をしめているかぎり、いかなるアジア共同体も生まれないし、アジア連邦が成立することもないだろう」[58]

70年間の呪縛を解いて、一歩踏みだしましょう。それは日本とアジアだけでなく、大多数のアメリカ人にとっても幸福をもたらす道なのです。

27 そして輝ける未来へ

最後まで読んでいただき、ありがとうございました。この本の撮影旅行で痛感したことですが、沖縄の米軍基地はそのほとんどが、海沿いの最高のリゾート地に建っています。今後、もし米軍が撤退し、南北に鉄道が通り、基地のあとが次々と観光用の施設になっていけば、沖縄はまちがいなく、ハワイを超える世界最高のリゾート・アイランドになるでしょう。なにしろこんなひどい騒音と、基地による交通の遮断に悩まされながら、すでに毎年ハワイとほとんど変わらない1000万人以上の観光客がやってきているのですから。

驚いたことに、沖縄の観光客は約半分がリピーターで、なかでも年に何度もやってくる「ヘビー・リピーター」が多いのが特徴だということです。

そんな沖縄について、かつて「民主党・沖縄ビジョン（2005年8月改訂版）」は、

米軍の宿舎を改装した「オクマ プライベートビーチ＆リゾート」のコテージ。

次のようにのべていました。

「沖縄には、意図的に作られた人工的な観光資源ではなく、歴史的、伝統的な資源が豊富に存在している。近年は大規模な観光・リゾート開発を行なうのでなく、ありのままの姿（略）こそがその土地の魅力であり、（略）資源であるという考え方にもとづいた観光が見直されている」

いいこと言ってるじゃないですか！

格安航空会社（ＬＣＣ）の参入を認めて、本土から往復１万円。宿は１泊１人３０００～５０００円くらいで泊まれる滞在型コテージをたくさんつくる。とりあえず、「オクマ プライベートビーチ&リゾート」（前頁写真）みたいに、米軍の宿舎を改装したりして……。ワクワクしますね！アジアからもアメリカからも、たくさん観光客がやってくるでしょう。そして沖縄の心やさしい文化にふれ、すっかりファンになって帰っていくことでしょう。

本土にはほとんど知られていない観光資源が、沖縄にはまだまだたくさんあります。みなさんもできればこの本を片手に沖縄本島を一周して、沖縄の新たな魅力を発見していただければと思います。

あとがき

最後に少しだけ、この本を書き終わったあと感じたことを、まとめておきたいと思います。どうかお付き合いください。

これまで本書で見てきたように、**現在の日本がどこかおかしな、国の根幹に大きな嘘があるような社会になっているのは、国内に巨大な米軍が駐留し、その問題について最高裁が憲法判断を放棄したことが原因です**（田中耕太郎・「砂川裁判」最高裁判決：198頁）。**その結果、国のなかに自国の法体系よりも上位にある巨大な「安保法体系」が生まれてしまった。さらにはこの判決が判例となって、以後、最高裁はあらゆる国家レベルの重要問題**（「高度な政治性をもつ問題」）**について憲法判断を放棄するようになり、日本は法治国家としての基盤を失うことになった**のです。

ですから227頁で書いたように、**フィリピンのような「外国軍の駐留を禁止する憲**

法」を可決すれば、問題は一気に解決へむかいます。そうした基本方針をまず国民投票などで決めて、そこから逆算する形で、日米安保条約はもちろん、他の国際条約や憲法9条2項についても、修正する必要があれば修正する。または相手国に修正を求めていく。それが世界中どこにでもある「普通の国」のあり方のはずです。

ところが日本の場合、そうした「普通の政治プロセス」に着手することがどうしてもできない。圧倒的民意で選ばれた首相でさえ、米軍の権益に少しでも手をつけようとすると、自国の官僚や学者、評論家、マスコミから、よってたかって叩かれ、あっというまに引きずりおろされてしまう。いわば国家レベルでの自傷行為が起きてしまうのです。それはいったいなぜなのか。

主な原因が「米軍＋官僚」という日本の権力構造（戦後国体）にあることは、これまで本文で書いたとおりです（180頁）。しかし、そのもう一段下層にある、**より本質的な問題が何かといえば、やはり自国の憲法が、他国の軍部によって密室でつくられてしまった。そのことにつきると、本書を書き終えたいま、強く思います。その結果、9条2項をめぐる議論を見てもわかるとおり、日本人は自国の憲法の条文が本当は何を意味しているのか、だれにもわからなくなってしまったのです。さらにはその密室**

の存在が、「戦後日本」における官僚と国民のあいだに、決定的な亀裂を生むことになったのです。

日本国憲法の誕生をめぐるドラマのなかで、非常に印象的なシーンがあります。いくつかの偶然から、当時41歳だった〔内閣〕法制局第一部長・佐藤達夫氏は、**英語で書かれたＧＨＱ憲法草案を日本語へ翻訳する作業**の責任者となります。著書『日本国憲法誕生記』（１９５７年）によれば、１９４６年の３月４日午前から５日の午後４時まで、佐藤氏は約30時間にわたってＧＨＱのビルに缶ヅメになり、草案の執筆者である米軍関係者と共に、日本語訳の条文を確定していく作業を行なったのです。そしてときには20人もの相手にひとりで対峙しながら、なんとか日本側の要望にもとづく修正を認めさせようと努力するのですが、孤軍奮闘むなしく、結局ほとんどの修正点がもとに戻されてしまうのです。

このときの佐藤氏の奮闘ぶりと、その経緯をのちに本に書いて公表した見識には心から敬意を表します。しかしその一方で、**この「第２の密室」のドラマのなかに、その後、米軍と日本の官僚が強固な「戦後国体」を形成していく、重要な萌芽が認められるのです**（「第１の密室」については120頁）。

さきほど印象的といったシーンは、佐藤氏の30時間におよぶ密室での激務がようやく終わった瞬間におとずれます。

「司令部での作業が終ると、はじめてホイットニー局長〈マッカーサーの右腕〉が姿を見せ、大いに安心した表情で、われわれの手をかたく握ってくりかえし礼をいった。あまりにその喜び方が大きいので、私はいったいどこの〈国の〉憲法を手伝いにきたのか、という錯覚をおこしそうになったくらいだった」

つまり、国民から完全に分断された密室で、さまざまなレベルの恐怖とストレス〈原爆を投下した米軍への恐怖・多対一の交渉による心理的圧迫・徹夜による心身の疲労・国家の命運がかかっているのに決定権はすべて相手側にあるという理不尽な状況など〉にさらされながら、共同で困難なミッションを遂行していくうち、**愛国的で優秀な日本の官僚の心が「高いレベルで」米軍側と一体化し、彼らと同じ方向〈国民とは逆方向〉を向き始める**のです。こうした日本とアメリカの歪んだ関係は、「ストックホルム症候群」〈密室に監禁され、生命の危機にさらされた人質が、生存確率を高めるため、無意識のうちに「高いレベルで」犯人に共感し、その行動を支持するようになる現象。語源となった1973年のストックホルムでの銀行強盗事件では、犯人が寝てしまったあとも人質が警察に銃を向けるなど、倒錯した行動があったことがあきらかになっている）にたとえられることがありますが、このとき佐藤氏が感じた「錯覚（倒錯）」は、その最初の兆候だったといえるでしょう。

こうしてみずからの意思ではなかったものの、密室で米軍側と渡りあった佐藤氏は、**「日本国憲法の解釈権」という究極の権力に日本側で最も近い人物となり、翌年から内閣法制局長官、のちに人事院総裁と、戦後国体の超エリートコースを歩んでいくことになります。**

そしてこの「密室での共同作業」→「米軍との心理的一体化（＝国民との乖離）」→「順調な出世」という構造が、その後、日米合同委員会などによって官僚組織全体に拡大されていったことは、すでにのべたとおりです。さらにそうした状況が半世紀以上つづくうちに、米軍の権威をバックにした、ＯＢを含む巨大な官僚共同体のヒエラルキーができあがってしまった。そしてついに現在のような、もともと愛国者だったはずの外務省・防衛省のトップたちが、米軍の意向を優先して首相の指示を無視し、優秀だったはずの憲法や国際政治学の最高権威たちが、「米軍よりも米軍側に立った」歴史解釈や状況認識を行なう（「本郷文学」）という倒錯した状況が生まれてしまったのです。その間、**日本の国力は飛躍的に向上し、冷戦も30年前に終わったというのに、従属の度合いは逆に強まっているのです。**

２０１０年6月に起きた鳩山政権の崩壊と、２０１１年3月に起きた東日本大震災は、日本が責任感のある現場担当者と我慢強い国民に恵まれながら、国家レベルでの統治能力を決定的に欠いていることをあきらかにしました。それも当然でしょう。**憲法という、国家を運営するうえでもっとも重要な原理原則が、もはやほとんど機能していないのですから。**

では、いったいどうすればわれわれは憲法の機能をとり戻し、普通の法治国家として再生することができるのか。どうすれば責任感と能力を兼ね備えた政府をもつことができるのか。**大切なのは、米軍基地の完全撤去を実現すると共に、現行憲法が「密室で米軍によって書かれた」ことを素直に認め、歴史をさかのぼってその成立の経緯を学問的に検証することでしょう。そして自国の最高法規の条文が本当はなにを意味しているのか、他の国際条約とどのような関係にあるのか、自分たちの力で確定するのです。そこからすべてが始まります。**おそらく良識あるアメリカの歴史家や過去の対日政策担当者も協力してくれるはずです。巨大な経済力と技術力をもちながら、まったく統治能力のない国家というのは、アメリカにも世界にも重大な危機をもたらす存在なのですから。

最後になりましたが、このような沖縄・超初心者たちがドタバタとつくった本を読んでくださった読者のみなさまに、心より感謝を申し上げます。ありがとうございました。

注

1　渡辺惣樹『日本開国：アメリカがペリー艦隊を派遣した本当の理由』草思社、2009年（2016年に草思社より文庫化）。

2　司馬遼太郎『アメリカ素描』読売新聞社、1986年（1989年に新潮社より文庫化）。

3　曽村保信『ペリーは、なぜ日本に来たか』新潮選書、1987年。

4　藤田忠『ペリーの対日交渉記』日本能率協会マネジメントセンター、1994年。

5　「ぼくの戦略の目的は単純だ。日本の国民の安全と繁栄だ。（略）そのための戦略は何か。七つの海を支配しているアングロ・アメリカン〔英米〕世界との協調、明治開国以来これ以外に絶対ない」「いまのアメリカのアフガニスタン戦略には僕は反対だ。しかし、そこで日本の大戦略は何かというと、自国の安全と繁栄を図るために日米関係を緊密化させることにあり中東への関与そのものではない。だからアメリカの戦略が間違っていようと何だろうと、いったんそう決まった以上、それと関係なく協力して日米友好関係をつなぐことが日本の大戦略だ」（岡崎氏の発言「中央公論」2009年7月）

6　大田昌秀『沖縄の帝王　高等弁務官』久米書房、1984年（1996年に朝日新聞社より文庫化）。

7　瀬長亀次郎『瀬長亀次郎回想録』新日本出版社、1991年。本項以下の記述も同書にもとづく。
8　同6。
9　同6。
10　伊波洋一『普天間基地はあなたの隣にある。だから一緒になくしたい。』かもがわ出版、2010年。本項以下の記述も同書にもとづく。
11　片岡鉄哉『さらば吉田茂：虚構なき戦後政治史』文藝春秋、1992年（1999年に『日本永久占領：日米関係、隠された真実』と改題して講談社より文庫化）。
12　『琉球新報』『沖縄タイムス』2011年2月13日。
13　村田良平『村田良平回想録』上下巻、ミネルヴァ書房、2008年。
14　村田良平『何処へ行くのか、この国は：元駐米大使、若人への遺言』ミネルヴァ書房、2010年。
15　ジョセフ・S・ナイJr.&リチャード・L・アーミテージ&春原剛『日米同盟vs.中国・北朝鮮』文春新書、2010年。
16　進藤榮一『分割された領土：もうひとつの戦後史』岩波現代文庫、2002年。
17　この件に関する文書は2通がアメリカの国立公文書館で公開されています。
　ひとつは天皇の御用掛だった寺崎英成が、天皇の見解としてマッカーサー総司令部政治顧問のウィリアム・J・シーボルトに口頭で伝えた「メッセージ」の内容を、総司令部外交部が1947年9月20日付で作成した「マッカーサー元帥のための覚書」。もうひとつは、同じくシーボルトが、この覚書を添付して同年9月22日付で米国務長官ジョージ・C・マーシャルあてに送った「琉球諸島の将来に関する日本の天皇の見解」です。

1.「マッカーサー元帥のための覚書」

「天皇の顧問、寺崎英成氏が、沖縄の将来に関する天皇の考えを私に伝える目的で、時日を約束して訪問した。

寺崎氏は、米国が沖縄その他の琉球諸島の軍事占領を継続するよう天皇が希望していると、言明した。天皇の見解では、そのような占領は、米国に役立ち、また、日本に保護をあたえることになる。天皇は、そのような措置は、ロシアの脅威ばかりでなく、占領終結後に、右翼および左翼勢力が増大して、ロシアが日本に内政干渉する根拠に利用できるような〝事件〟をひきおこすことをおそれている日本国民のあいだで広く賛同を得るだろうと思っている。

さらに天皇は、沖縄（および必要とされる他の島じま）にたいする米国の軍事占領は、日本に主権を残したままでの長期租借――25年ないし50年、あるいはそれ以上――の擬制〔フィクション〕にもとづくべきであると考えている。天皇によると、このような占領方法は、米国が琉球諸島にたいして永続的野心をもたないことを日本国民に納得させ、また、これにより他の諸国、とくにソ連と中国が同様の権利を要求するのを阻止するだろう」

2.「琉球諸島の将来に関する日本の天皇の見解」

対日占領軍総司令部政治顧問シーボルトから国務長官マーシャルあての書簡（1947年9月22日付）

主題　琉球諸島の将来に関する日本の天皇の見解
国務長官殿　在ワシントン

拝啓
天皇のアドバイザーの寺崎英成氏が同氏自身の要請で当事務所を訪れたさいの同氏との会話の要旨を内容とする１９４７年９月20日付のマッカーサー元帥あての自明の覚書のコピーを同封する光栄を有します。

米国が沖縄その他の琉球諸島の軍事占領を続けるよう日本の天皇が希望していること、疑いもなく私利に大きくもとづいている希望が注目されましょう。また天皇は、長期租借による、これら諸島の米国軍事占領の継続をめざしています。その見解によれば、日本国民はそれによって米国が下心がないことを納得し、軍事目的のための米国による占領を歓迎するだろうということです。

敬具
合衆国対日政治顧問　代表部顧問　W・J・シーボルト
東京　１９４７年９月22日

18　１９８７年秋、病気で沖縄国体への出席が不可能になったとき、昭和天皇は「思はざる病となりぬ沖縄をたづね果たさむつとめありしを」という歌を詠んでいます。これは昭和天皇が、沖縄の人びとに遺憾の意を表したかった気持ちのあらわれだったとする解釈もあります。

19 豊下楢彦『安保条約の成立：吉田外交と天皇外交』岩波新書、1996年。豊下楢彦『昭和天皇・マッカーサー会見』岩波書店、2008年。

20 若泉敬『他策ナカリシヲ信ゼムト欲ス』文藝春秋、1994年（2009年に文藝春秋より新装版）。

21 大田昌秀&池澤夏樹『沖縄からはじまる』集英社、1998年。

22 我部政明『沖縄返還とは何だったのか：日米戦後交渉史の中で』NHKブックス、2000年。

23 江藤淳『一九四六年憲法――その拘束』文藝春秋、1980年（1995年、2015年に文藝春秋より文庫化）。西修『ドキュメント日本国憲法』三修社、1986年（2000年に増補改訂し『日本国憲法はこうして生まれた』として中央公論新社より刊行）。

24 三浦陽一『吉田茂とサンフランシスコ講和』上下巻、大月書店、1996年。

25 マイケル・M・ヨシツ『日本が独立した日』宮里政玄・草野厚訳、講談社、1984年。

26 加藤哲郎『象徴天皇制の起源：アメリカの心理戦「日本計画」』平凡社新書、2005年。

27 ルース・ベネディクト『菊と刀』長谷川松治訳、社会思想研究会出版部（原書は1946年刊／日本版は1948年）。

28 ガバン・マコーマック『属国：米国の抱擁とアジアでの孤立』新田準訳、凱風社、2008年。

29 同26。

30　「日本国憲法を生んだ密室の9日間」朝日放送1993年2月5日放映／ドキュメンタリー工房製作。

31　リンダ・ホーグランド監督、映画『ANPO』2010年。

32　ティム・ワイナー『CIA秘録』上下巻、藤田博司・山田侑平・佐藤信行訳、文藝春秋、2008年（2011年に文藝春秋より文庫化）。

33　アメリカ国務省は2006年の外交文書『アメリカの外交』のなかの「編集覚書」で、日本に左翼政権が誕生することを懸念したアメリカ政府が1958年から68年の間に、4件の秘密計画を承認したことを認めました（ただしその内容については下記の3件だけ）。

①55年体制成立後はじめての選挙で、数人の重要な親米保守政治家（＝自民党の政治家）に資金援助を行なったこと。そうした資金援助は1960年代の選挙でも継続されたこと。

②社会党から右派を分裂させるため、1960年に7万5000ドルをわたして民社党を結成させ、64年までほぼ毎年同額をわたしていたこと。

③日本社会から極左の影響を排除するため、ジョンソン政権の全期を通して秘密の宣伝と社会活動に資金提供（たとえば1964年には45万ドル）を行なったこと。

そして、おそらく影響が大きすぎて公開できない残りの1件が、岸に対する巨額の財政支援であることを、ティム・ワイナーは多くの関係者に取材して確認しています。

34　名越健郎『クレムリン秘密文書は語る：闇の日ソ関係史』中公新書、1994年。

35　立花隆『田中角栄新金脈研究』朝日新聞社、1985年。
36　55年体制。社会党はつねに自民党の半分くらいの議席だったので、三者の勢力はまさに拮抗していました。55年体制がスタートした時点の議席数も、自民党300、社会党154と、ほぼ2対1の割合でした。
37　有馬哲夫『日本テレビとCIA：発掘された「正力ファイル」』新潮社、2006年（2011年に宝島社より文庫化）。
38　赤旗政治部「安保・外交」班『従属の同盟：日米安保の50年を検証する』新日本出版社、2010年。
39　同15。
40　同22。
41　細川護熙『内訟録：細川護熙総理大臣日記』日本経済新聞出版社、2010年。
42　伊波洋一『米軍基地を押しつけられて：沖縄・少女暴行事件から』創史社、2000年。
43　吉田敏浩『密約：日米地位協定と米兵犯罪』毎日新聞社、2010年。
44　同15。
45　カレル・ヴァン・ウォルフレン『日本／権力構造の謎』上下巻、篠原勝訳、早川書房、1990年（1994年に早川書房より文庫化）。
46　同43。
47　同24。

48　同43。
49　春名幹男『秘密のファイル：ＣＩＡの対日工作』上下巻、共同通信社、２０００年（２００３年に新潮社より文庫化）。
50　孫崎享『日米同盟の正体：迷走する安全保障』講談社現代新書、２００９年。
51　チャルマーズ・ジョンソン「復讐の女神ネメシス：アメリカ共和国の終焉」Democracy Now! ２００７年2月27日（http://democracynow.jp/）
52　チャルマーズ・ジョンソン『アメリカ帝国の悲劇』村上和久訳、文藝春秋、２００４年。
53　エイミー・グッドマンDemocracy Now!（http://democracynow.jp/）
54　岩上安身（ＩＷＪ）Independent Web Journal（https://iwj.co.jp）。
55　実は、朝鮮戦争の原因についてもさまざまな見方があります。封じ込め政策で有名なアメリカの国家戦略家ジョージ・ケナンによると、彼はソ連が朝鮮半島から撤退するかわりにアメリカが日本から撤退する「相互撤退」による日本中立化策を考えていました。ところがアメリカが先に日本をとってしまったので、ソ連が韓国をとろうとして朝鮮戦争が始まったのだそうです。
56　松宮敏樹『こうして米軍基地は撤去された！』新日本出版社、１９９６年。本項以下の記述も同書にもとづく。
57　中野聡『歴史経験としてのアメリカ帝国：米比関係史の群像』岩波書店、２００７年。
58　同28。

解説

白井　聡

私が矢部宏治氏の名を知ったのは、著書『日本はなぜ、「基地」と「原発」を止められないのか』（集英社インターナショナル、２０１４年）によってであった。その冒頭には次の言葉がある。

「三・一一以降、日本人は「大きな謎」を解くための旅をしている。」

我が意を得たりと思った。私もまた、『永続敗戦論――戦後日本の核心』（太田出版、２０１３年〔２０１６年に講談社＋α文庫として文庫化〕）を書くことによって、三・一一以降、自分なりの仕方で「大きな謎」を解く旅をしてきた気がしていた。なぜ、私たちの国は、一見秩序があり安全で豊かであるようでいて、どうしようもない虚しさに満ちているのか。なぜ、私たちの社会は、強者の不正にはますます憤らなくなってゆく一方、虐げられた者への同情を失ってゆくばかりなのか。ひとことで言えば、なぜ、私たちは惨めなのか。

三・一一は、謎を突きつけると同時に、古典的な命題にあらためて目を向けさせもした。その命題とは、日本の戦後民主主義なるものがフェイクにすぎないという左からも右からもウンザリするほど聞かされてきたものだ。しかし、この決まり文句は途轍もない切実さを帯びることとなった。なぜなら、三・一一は、戦後民主主義体制の非民主性（言い換えれば、その国家主義的性格）を原子力問題というきわめて具体的な事象において暴露し、かつそれが私たちの「普通の生活」を全面的な破局の瀬戸際にまで追い込みかけた（直接的な原発事故被災者においては現に追い込んだ）からである。

だが、三・一一のショックにはその前段があった。それが鳩山民主党政権の挫折である。周知のように、鳩山由紀夫首相があっけない辞任に追い込まれた最大の原因は、普天間基地の移設問題であった。高い支持を受けて政権を握ったはずの総理が、たった一つの基地の行方すら思うに任せない。この国のシステムでは、総理大臣であっても全く無力で、そこに手を突っ込むと返り討ちに遭って致命傷を負う領域があることを、この出来事は明らかにした。そして、総理とは主権者たる国民の代表者なのだから、とりもなおさずそれは、日本国民の意思がまるで通用しない領域があるということだ。

そして、三・一一が発生する。点と点はつながって、線になった。謎を解く鍵が戦後日本の対米関係、対米従属の問題にあることは、否定しようのない事実としてせり上がってきたように私には思われた。だが、アメリカは戦後日本の民主主義にとって教師であり鑑ではなかったのか。にもかかわらず、対米関係こそが日本の民主主義の限界をなしているとは一体いかなることなのか。

もちろん、戦後日本の国家体制において日米関係、とりわけ日米安保条約が重要な役割を果たしてきたことは、誰にとっても自明な事柄だった。そしてこの同盟関係が両者の保有する軍事力からして、またいわゆる憲法上の制約からして、対等なものではないことも、やはり周知のことであった。

これら「自明の理」に取り囲まれながら、私たちはなぜ、戦後日本にデモクラシーを与えた者は、いつでもまたそれを取り上げることができる、ということに思いを致すことができなかったのか。言い換えれば、なぜ対米従属の問題は見えなくなっていたのか。

私が導き出した答えは、戦後日本の歴史意識の根幹としての「敗戦の否認」だった。あれほどの壊滅的な敗北を喫しながら、「敗戦」を「終戦」と言い換えてそれを疑問視しない、つまりあの戦争に負けたことの意味を理解しない（理解しなくともよい）という異様な歴史意識こそが、戦後日本の背骨を成してきたのではないか。戦勝国アメリカによる支配とは敗戦の端的な結果であるのだから、敗戦を否認すれば、対米従属の現実も自動的に不可視化されねばならなくなるのである。

そして、この歴史意識が、戦後民主主義を一個の虚妄へと堕さしめたのではないか。自国の体制原理を自由民主主義であると自覚し、時にそれが欠如した隣国などをそれゆえに軽蔑したり非難したりするくせに、真の自由主義・民主主義とは何であるかについては無関心――そんな異様な精神風土がいかにして可能となったのか。

この問いを発するとき、私たちの関心が必然的に向かう場所がある。それが沖縄だ。沖縄の地に降り立って島を一回りしてみれば、細かな理屈は不要ですらあるとわかる。私たちの国は敗戦国であり敗戦国の重荷を背負わされ続けているという事実は、目の前に迫って来る。しかし、かく言う私とて、『永続敗戦論』を書くまでは、沖縄の基地問題とその歴史的経緯についていくらかは人並み以上に知ってはいたけれど、それが私たち日本人全員にとってどんな意味があるのかを本当の意味で理解してはいなかった。言い換えれば、他人事として理解していたにすぎなかった。

勝手な推測をするならば、歴史書や美術書の編集を本業としていた矢部宏治氏も、同じだったのではないだろうか。本書のあとがきで、著者は自らを指して「沖縄・超初心者」と呼んでいる。だが、まさにこの「初心者」であることが、本書から始まる矢部氏の仕事に大きな意義を与えている。なぜなら、「初心者」(沖縄の基地問題について平均的な認識を持つ日本人)ならではの新鮮な驚きが矢部氏の著述を貫いており、読者は矢部氏による「大きな謎」を解く旅に同行してその驚きを追体験するからだ。それによって、沖縄の基地問題とは、「沖縄の問題」なのではなくて「日本の問題」にほかならず、沖縄に問題を閉じ込めることによって本土では見えづらくなっているものの、直面している問題の本質は沖縄であろうと本土であろうと同じであるという事実に、読者は直面させられる。言い換えれば、矢部氏の一連の仕事は読者を問題の当事者へと生成させるのである。

だが、「大和人」(ヤマトンチュ)が当事者になるためには、やはり少々の理屈(ないし知識と言った方が正確であろう）が必要なのだ。現に、年間500万人を優に超える人間が本土から沖縄を訪れ、「癒しの島」を楽しんでいる。沖縄の島中に貼りついている米軍基地が彼らの目に入らなかったはずがない。にもかかわらず、本土の日本人は「沖縄が好き」と口にしながら、同時に名護市辺野古沖での基地建設を強行する政権を選び続けている。知念ウシ氏いわく、「沖縄が好きなら基地を一つずつ、持って帰ってもらえませんか」と言うと、本土の日本人は絶句するという。見えているはずなのに見えていない、見ようとしない。見ようとしないから見えないのだ。

私たちが当事者になった瞬間から、沖縄の米軍基地が巨大な米国の「戦利品」として存在している事実は、目に入って来る。そしてそのとき、私たち本土に住む日本人の沖縄への感情が、「差別」や「無関心」は論外として、「同情」や押しつけてしまって申し訳ないという「罪責感」では不十分であり不適切であることに気づかされる。私たちの国は本当に私たちの国であると、本書を読み終えた読者は確信できなくなるはずだ。なにも「戦利品」は沖縄だけではない。戦後日本そのものが「戦利品」なのだから。そして、私たちの国に民主主義などあるわけがない。「民」が決められることがそもそもないのだから。

矢部氏は沖縄の地を歩き廻り、私は思想史の森を歩き廻って、同じ結論に達した。私たちは、敗戦が誤魔化され、そのために私たちがどんな敗北の状況にあるのかさえもわからなくなってしまい、なおかつその現実からできるだけ目を背けて逃げ回っている、という奇妙で複雑な敗北の状況に身を置いている。

けれども、本書は絶望の書などではない。反対にそれは、真の希望を与えるものだ。苦難の道を歩んできたフィリピンにできたこと（米軍基地の撤退）を、なぜ日本ができないと言えようか。基地に蝕まれた沖縄に集約されている戦後日本の本当の姿、私たち全員の本当の惨めさ——これに向き合う勇気を持つこと。そこにしか希望はないが、その希望は真正のものであること。本書は、このことを「初心者」ならではの率直な心情の吐露と緻密で該博な知識による裏付けによって読者に確信させる。そのとき、読者もまた、自らが「旅」の途上にいることに気づくに違いない。

本書は、『本土の人間は知らないが、沖縄の人はみんな知っていること――沖縄・米軍基地観光ガイド』（書籍情報社、２０１１年）からガイド部分を削除し、文庫版としたものです。米軍基地観光ガイドの最新情報については、YouTube にアップする予定の「デモクラブックス・いまこの本を読め〔特別編〕沖縄米軍基地観光ガイド」を御覧ください。

今から10年前、沖縄超初心者たちが作った２０１１年版の監修を、快く引き受けて下さった沖縄国際大学教授、前泊博盛さんに心から感謝申し上げます。

エーゲ 永遠回帰の海　立花隆／須田慎太郎［写真］

ギリシャ・ローマ文明の核心部を旅し、人類の思考の普遍性に立って、西欧文明がおこなった精神の活動を再構築する思索旅行記。カラー写真満載。

思索紀行（上）　立花隆

本ではない。まず旅だ！　ジャーナリストならではの鋭敏な感覚で、世界の姿を読者にはっきりとさしだした思想旅行記の名著。

思索紀行（下）　立花隆

自分の足で当事者にせまり、すさまじい好奇心で対象に肉薄する見聞録にして、すぐれた文明論。たぐいまれな観察眼をもつ立花隆ならではの傑作紀行！

沖縄と私と娼婦　佐木隆三

アメリカ統治下の沖縄。ベトナム戦争が激化するなか、米兵相手に生きる風俗街の女たちの姿をヒリヒリと肌を刺す筆致で描いた傑作ルポ。（藤井誠二）

戦後日本の「独立」　半藤一利／竹内修司／保阪正康／松本健一

第二次大戦後の日本は本当に自立できたのか。再軍備・講和問題・吉田ドクトリン……15のテーマから語り尽くす、占領下から「独立」への道。

占領下日本（上）　半藤一利／竹内修司／保阪正康／松本健一

1945年からの7年間日本は「占領下」にあった。この時代を問うことは戦後日本を問いなおすことである。天皇からストリップまでを語り尽くす。

占領下日本（下）　半藤一利／竹内修司／保阪正康／松本健一

日本の「占領」政策では膨大な関係者の思惑が錯綜し揺れ動く環境の中で、様々なあり方が模索された。昭和史を多様な観点と仮説から再検証する。

東京の戦争　吉村昭

東京初空襲の米軍機に遭遇した話、寄席に通った話。少年の目に映った戦時下・戦後の庶民生活を活き活きと描く珠玉の回想記。（小林信彦）

戦争と新聞　鈴木健二

明治の台湾出兵から太平洋戦争、湾岸戦争まで、新聞は戦争をどう伝えたか。多くの実例から、報道が孕む矛盾と果たすべき役割を考察。（佐藤卓己）

憲法が変わっても戦争にならない？　高橋哲哉／斎藤貴男 編著

なぜ今こそ日本国憲法が大切か。哲学者、ジャーナリストの編者をはじめ、憲法学者・木下智史、映画監督・井筒和幸等が最新状況を元に加筆。

田中清玄自伝　田中清玄／大須賀瑞夫
戦前は武装共産党の指導者、戦後は国際石油戦争に関わるなど、激動の昭和を侍の末裔として多彩な人脈を操りながら駆け抜けた男の「夢と真実」。

9条どうでしょう　内田樹／小田嶋隆／平川克美／町山智浩
「改憲論議」の閉塞状態を打ち破るには、「虎の尾を踏むのを恐れない」言葉の力が必要である。四人の書き手によるユニークな洞察が満載の憲法論！

父が子に語る日本史　小島毅
歴史の見方に「唯一」なんてあり得ない。君にはそれを知ってほしい――。一国史的視点から解放される、ユーモア溢れる日本史ガイド！　（保立道久）

父が子に語る近現代史　小島毅
日本の歴史は、日本だけでは語れない――。未来の世代に今だからこそ届けたい！　ユーモア溢れる大人気日本史ガイド・待望の近現代史篇。（出口治明）

増補　転落の歴史に何を見るか　齋藤健
奉天会戦からノモンハン事件に至る34年間、日本は内発的改革を試みたが失敗し、敗戦に至った。近代史を様々な角度から見直し、その原因を追究する。

証言集　関東大震災の直後　朝鮮人と日本人　西崎雅夫編
大震災の直後に多発した朝鮮人への暴行・殺害。芥川龍之介、竹久夢二、折口信夫ら文化人、子供や市井の人々が残した貴重な記録を集大成する。

軍事学入門　別宮暖朗
「開戦法規」や「戦争（作戦）計画」、「動員とは何か」、「勝敗の決まり方」など〝軍事の常識〟を史実に沿って解き明かす。　（住川碧）

定本　後藤田正晴　保阪正康
治安の総帥から政治家へ――異色の政治家後藤田正晴は、どのような信念を持ち、どんな決断を下したのか。その生涯を多面的に読み解く決定版評伝。

花の命はノー・フューチャー　ブレイディみかこ
移民、パンク、LGBT、貧困層。地べたから見た英国社会をスカッとした笑いとともに描く。200頁分の大幅増補！　推薦文＝佐藤亜紀　（栗原康）

アフガニスタンの診療所から　中村哲
戦争、宗教対立、難民。アフガニスタン、パキスタンでハンセン病治療、農村医療に力を尽くす医師と支援団体の活動。　（阿部謹也）

ちくま文庫

本土の人間は知らないが、沖縄の人はみんな知っていること

二〇二〇年十二月十日　第一刷発行
二〇二四年 六 月二十日　第二刷発行

著者　矢部宏治（やべ・こうじ）
写真　須田慎太郎（すだ・しんたろう）
発行者　喜入冬子
発行所　株式会社　筑摩書房
東京都台東区蔵前二―五―三　〒一一一―八七五五
電話番号　〇三―五六八七―二六〇一（代表）
装幀者　安野光雅
印刷所　TOPPAN株式会社
製本所　加藤製本株式会社

ISBN978-4-480-43717-4　C0136